對本書的讚譽

如果您是個 Java 開發者，希望能挖掘無伺服器架構帶來的好處的話，這本就是您要找的書了！

——*Tim Wagner* 博士，*Vendia* 的 *CEO* 和共同創辦人

我有 Java 和無伺服器的相關問題時，第一個想到的是 Mike 和 John 所寫的這本書。作者納入相關核心內容及易掉入的陷阱於本書中，值得一翻再翻。深深的感謝兩位作者！

——*Daniel Bryant*，*Java Champion*

如果您希望能從無伺服器計算獲益，同時避免其開發陷阱，那麼這本正是您要找的書。

——*Brian Gruber*，*Meetup* 首席架構師

對於擁有多年 Java 開發經驗，並且想要使用此經驗在 AWS Lambda 上的開發者而言，本書提供了踏實、可擴展的無伺服器應用的完整導覽。

——*Stuart Sierra*，軟體架構顧問

本書清晰、全面地介紹了如何用 Java 編寫 Lambda 應用程式，包括了如何編寫、部署和運行，而不僅僅是粗淺地導覽。此外，除了從舊環境轉移程式碼，本書還說明了如何使 Lambda 充分利用無伺服器架構的優勢。

——*Sarah Wells*，《金融時報》營運與可靠性技術總監

AWS Lambda 程式設計
用 Java 建立和部署無伺服器應用程式

Programming AWS Lambda
Build and Deploy Serverless
Applications with Java

John Chapin and Mike Roberts 著

李逸祥 譯

O'REILLY®

推薦序

AWS Lambda 是無伺服器應用程式即服務，也是後端即服務，已經為軟體產業帶來毀滅性的影響。它減少了從安全性補丁到自動擴展的許多麻煩、花費和處理伺服器的「無差別繁重工作」，大幅提升了數百萬位開發者的生產力。更重要的是，無伺服器的想法改變了應用程式的定義，不再只是把大量程式碼丟上伺服器，而是妥善配置程式碼、讓各個服務上雲端。無伺服器將是雲端改革的下一階段——如同過去沒有自家的資料中心，想要成立一家公司是不可能的，但現在看來不用資料中心也可以達成，這是多麼令人興奮的轉變啊！

我的眾多想法最終匯聚成 AWS Lambda，並和 AWS 高層討論過風險和機會。機會非常的大——雲端軟體開發的生態，將被新的計算和架構應用程式的方式顛覆；但同時風險也不小，AWS 的創新需要很大的能量來推動，我們必須說服開發人員，放棄舊有的伺服器和容器化的部署方式，他們必須學習全新的方式和架構，並了解做得越少比擁有的越多來的好，才能擁有無伺服器架構的好處：計量收費、付費擴展、原生錯誤處理和其他更多的優點。2014 年，我們向世界公布 Lambda 的時候，最大的恐懼是：開發者會願意越過鴻溝，加入我們的旅程嗎？

在過去五年，答案已經被驗證是個宏亮的「是」，才有您正在閱讀的本書。無伺服器應用改革的成功，需要讓那些維持大量程式碼、正在運行的程序和工具、不同的語言和程式庫的百萬開發者知道。Symphonia 創辦人和 AWS Lambda 程式設計的作者——Mike 和 John，不只是 AWS 和 Lambda 的專家，也曾經參與過大型 Java 應用程式專案和無數 Java 開發者合作，他們的經驗、實務和知識，有助於幫助 Java 開發者和他們的團隊連接無伺服器架構和現有知識，將舊的和新的知識串接，而本書就是精華。

如果您是無伺服器應用的新手，本書將帶您不只了解無伺服器應用是什麼，還有為何、以及如何做到。如果您已經或是正在開始著手使用 AWS Lmabda，本書將會是您學習架構、開發、部署、測試和監控無伺服器架構 Java 應用程式的最佳實務，包括分散式行動應用程式、高擴展性資料管線等。無關乎目前的技巧，本書會幫助您快速設計和建造高可用性的 Java 應用程式。

歡迎來到無伺服器應用的世界，並希望您喜歡接下來的旅程，您的專業導遊正等著呢！

—Dr. Tim Wagner
Vendia CEO 和共同創辦人，
AWS Lmabda 原作者

前言

關於本書

歡迎來到 *AWS Lambda 程式設計*，我們很開心您來到這！

無伺服器運算是一個創新的方式來搭造系統，此系統的初心，是為了減少維護工作，並持續帶給使用者價值。無伺服器應用，透過雲端解決方案提供者達到此目的，像是 Amazon Web Services（AWS）。

在這本書裡，您將學到如何使用 AWS Lambda——最受歡迎的無伺服器運算平台，架構、建立和維護無伺服器應用程式。AWS Lambda 很少單獨被使用，您也將在本書學到如何和其他 AWS 服務整合，像是 S3（Simple Storage Service）、DynamoDB 等服務。

為何寫本書？

我們從 2015 開始使用 Lambda，也就是 Lambda 開始支援 Java 的時期。短短的幾週內，就發現 Lambda 驚人的好處，它讓開發新功能的速度達到前所未有的快，大大減少了開發的複雜度，它移除了開發和維護系統的低層問題，讓團隊可以專心於開發乾淨、事件驅動的專案，而這些全部歸功於 Lambda。Lambda 還能和其他 AWS 平台上的服務整合，使團隊效率倍增。

起初我們有兩個疑慮。第一，Lambda 可能無法支援我們多年累積下來的 Java 程式碼和程式庫；第二，它無法輕鬆地擴展。

但現實卻讓人如此驚艷。

Lambda 對於 Java 的支持，不僅僅是「附加」功能級別，而是最高層級的執行時間系統支持。在 Lambda 上建立應用程式，並不會綁手綁腳的，反而能發揮該有的程式開發能力，還能使用既有的程式碼。

更有甚者，在花費上，使用 Lambda 能夠基於以量計價、近秒精準度，開發出能每日處理數百萬事件的系統，相較於舊有、傳統的系統更為便宜。

Lambda 在開發速度、現有程式語言的支援能力和成本效益上，讓我們相信無伺服器運算平台，能為這個產業帶來特殊的改變。2016 年，我們開始了新的事業——Symphonia，致力於讓各家公司能過跨越鴻溝，使用新的方式來搭造系統。

本書為誰而寫？

本書主要是為了軟體開發者和軟體架構師而寫，但那些參與雲端軟體應用開發的人，也絕對能從中獲益。

我們假設您已經了解 Java 程式開發的基礎，但不必有任何 Java 應用程式框架（例如：Spring）或程式庫（例如：Guava）的知識或經驗，您也不必有任何關於 AWS 的知識。

為何您需要本書？

多方面來說，無伺服器架構和 Lambda 是伺服器端軟體數十年來最重要的改變。以前的程式碼可能寫起來、看起來很相似，但是 Lambda 在能力和架構的限制上，讓設計有了和之前不同的風貌。

在過去幾年，我們了解了如何用 Lambda 成功地建立系統，這本書將讓您學習到我們所經歷和累積的。

從基礎的技術到進階的架構，再從程式開發，一路到測試、部署和監控。這本書包含了所有您該知道的，如何大規模地使用 Lambda 建構高品質系統的開發循環。

這本書的特點是，使用 Java 當作開發語言為前提下所寫的。我們倆已經做了二十年以上的 Java 開發者，這本書將幫助您使用現有的 Java 技術，寫出不一樣的感覺。

所以準備好，讓我們迎接無伺服器架構的時代！

利用章節末的練習題

每個章節的結束前都有練習題。某些練習題是鼓勵您去學習每章節的新知識，並且確認在 AWS 上「確實」有用。同時 Lambda 的一些功能可以在本地端使用，您可以感受到像是在 AWS 平台上開發 Lambda 的感覺。另外，AWS 也提供免費方案（free tier），（*https://aws.amazon.com/free*），應該足夠讓您做實驗，而不需要任何的花費。

其餘的練習題，則是為了讓您了解，使用 Lambda 和其他技術的不同之處。無伺服器架構的思考方式和普通的有所不同，透過這些習題可以讓您適應這樣的思考方式。

本書編排慣例

以下為本書使用的編排規則：

斜體字（*Italic*）

　　表示新名詞、超連結、電子郵件位址、檔名以及副檔名。中文以楷體表示。

定寬字（Constant width）

　　用於程式原始碼，以及篇幅中參照到的程式元素，如變數、函式名稱、資料庫、資料型態、環境變數、程式碼語句以及關鍵字等。

定寬粗體字（**Constant width bold**）

　　代表使用者輸入的指令或文字。

定寬斜體字（*Constant width italic*）

　　代表需要配合使用者提供的變數，或者是使用者環境來更換的文字。

 這個圖示代表提示或建議。

 這個圖示代表一般的說明。

 這個圖示代表警告或注意。

使用範例程式

本書的補充的教材（程式碼範例、練習題…等）可以在以下網址下載：

https://github.com/symphoniacloud/programming-aws-lambda-book

如果有任何使用上面連結內的程式碼範例問題，歡迎寄信到下列信箱詢問：

bookquestions@oreilly.com

本書旨在協助您完成工作。一般來說，您可以在自己的程式或檔案中使用本書的程式碼而不需要聯繫出版社取得許可，除非您更動了程式的重要部分。例如使用這本書的程式

段落來編寫程式不需要取得許可，但是將 O'Reilly 書籍的範例製成光碟來銷售或發佈，就必須取得我們的授權；引用這本書的內容與範例程式碼來回答問題不需要取得許可，但是在產品的檔案中大量使用本書的範例程式，則需要我們的授權。

雖然沒有強制要求，但如果您在引用時能標明出處，我們會非常感激。出處一般包含書名、作者、出版社和 ISBN。例如：「*Programming AWS Lambda* by John Chapin and Mike Roberts (O'Reilly). Copyright 2020 Symphonia LLC, 978-1-492-04105-4.」。

若您覺得自己使用範例程式的程度已超出上述的允許範圍，歡迎隨時與我們聯繫：

permissions@oreilly.com。

致謝

感謝我們的技術審閱者 Brian Gruber、Daniel Bryant、Sarah Wells 和 Stuart Sierra 花費在這本書上，只為使它變得更好。感謝我們 Intent Media 的前同事，四年前和我們一起使用全新的技術，並讓我們了解這項技術如何改變團隊。感謝所有 Symphonia 的客戶、合作夥伴和朋友，謝謝您們長期的信任和信心。感謝在 O'Reilly 的各位，尤其是我們的編輯團隊，在閱讀歐萊禮動物書長達 20 多年後，能親自寫一本真的是太神奇了！還有感謝一路走來的無伺服器社群同好們。

還要感謝 AWS 無伺服器團隊的成員們，尤其是 Ajay Nair、Chris Munns、Noel Dowling 和 Salman Paracha，為我們提供如此創新的產品，並和我們溝通了多年。最後感謝 Tim Wagner，他帶領了 Lambda 走過了草創期，並為本書寫了推薦序。

John 的致謝：首先，我要感謝我的父母 Mark 和 Bridget，讓我擁有人生道路的掌控權和自由，並提供我愛和支持。當然也要感謝我的共同作者和商業夥伴 Mike，如果沒有他，這本書和我們的公司都將不存在。總有一天（但不是今天），我將教他使用美式英文來寫作。最後由衷的感謝我的老婆 Jessica，幫我加油打氣，並且從不過問我寫的字數有多少。

Mike 的致謝：需要感謝太多人了，但是請讓我試一試。感謝我高中的電腦課老師 Ray Lovell，還有我大學的導師 Carroll Morgan。感謝我過去幾年的同事，尤其是我在 ThoughtWorks 時期的同事。Daniel Terhorst-North 一直是位在我職業生涯上的心靈導師和翻轉我思考的人，麻煩 Daniel，請您要不斷讓我「蛤？！」。感謝 Brian Guthrie、Lisa van Gelder 和其他 NYC eXtreme Tuesday Club 的成員。另外給 Mike Mason，這位曾經當過我的同事（兩次）、室友（某些情況下）和我走過超過我半個人生的摯友。（是的，Mike，那句話就在這本書裡──現在又輪到您了！）

我最重要的感謝，要給「要是沒有您的話…」的三位。第一位，感謝 Martin Fowler 給我的啟發、友誼，還有出版我有關於無伺服器架構的文章，有這些文章才有這本書；接下來，我要感謝我的共同作者 John 和我一起乘坐雲霄飛車──也就是我們的公司 Symphonia；最後當然，感謝我完美的伴侶 Sara，支持我走過不專為某一雇主工作的奇怪時期，以及成為一個作者。

目錄

無伺服器、亞馬遜網路服務和 AWS Lambda 的介紹

這趟旅程的一開始，我們先簡短的介紹雲端並且定義無伺服器（serverless）。接下來，將學習亞馬遜網路服務（Amazon Web Services，AWS），這對於您來說，也許是個全新的體驗，當然，也有可能只是當作複習。

有了基本概念後，我們才會介紹何謂 Lambda、為什麼要使用它、Lambda 的用途，以及 Java 和 Lambda 如何搭配使用。

簡史

2006 年，沒有人擁有 iPhone，Ruby on Rails 正夯，還有推特（Twitter）才剛被推出。我們所知的一切正在發生，但同時在各個資料中心（data center）內，許多人也正為了維護伺服器端應用程式（Server-side application）和管理實體伺服器的工作而被折磨。

同年八月，Amazon（亞馬遜公司）的資訊科技部門，發佈了全新的服務——彈性雲端運算（Elastic Computing Cloud，EC2）（*https://aws.amazon.com/tw/ec2/*），而這樣的模式被徹底改變。

EC2 是首批基礎設施即服務（infrastructure-as-a-service，IaaS）的產品之一。IaaS 讓公司可以租借計算資源，而不用買機器，維運各自的網際網路面向伺服器應用程式（internet-facing server applications）。這項服務甚至讓公司可以即時的佈建主機，提出機器需求到佈建完成中間的延遲，不過數分鐘。這一年，因為虛擬化（*virtualization*）技術，所有的 EC2 主機都是虛擬機器（*virtual machines，VMs*），IaaS 才得以實現。

EC2 有下列主要的五項優勢：

降低人工成本

在 IaaS 出現之前，公司需要雇用一群技術維運團隊，他們在資料中心工作，並維護實體伺服器。這表示要負責電源、網路，以及安裝、整修實體伺服器的問題，甚至是更換隨機存取記憶體（Random Access Memory，RAM），到設定作業系統（operating system，OS）的大小工作。而這些責任都將因為 IaaS 的出現，而轉移到服務提供者身上（以 EC2 來說，就是 AWS）。

減少風險

當公司維運各自的實體伺服器時，時常會遇到像是硬體故障等類似的意外事件，導致難以估計的停機時間（downtime），而且通常硬體問題需要很長的時間才能修復。但是有了 IaaS 的幫助，客戶雖然還是要面對硬體故障的問題，但並不需要知道如何解決，只需要要求新的一台機器實體（instance），短短數分鐘內，就可以重新啟動應用程式，減少暴露在這問題下的風險。

降低基礎設施開銷

從各個面向來看，連接上 EC2 執行個體（EC2 instance），比起維護實體機器，計算網路和電源開銷等，花費上會便宜許多。這在如果您只需要主機持續運作數天或是數週的情況下更為明顯。因為計費方式的不同，在財務面上便提供了彈性，租用主機和直接購買一台機器會有不同的計費方式去計算：使用 EC2 的機器是用營業費用（operating expense，Opex）去計算，而購買機器則是資本支出（capital expense，Capex）。

擴展（*Scaling*）

IaaS 讓擴展的花費大大下降，並在數量和類型上提供了擴展的彈性。不用因為將來可能用到，而先買 10 台高規格伺服器預備，有了 IaaS，可以先選擇低功耗（low-powered）、價格實惠的虛擬機器，再視需求去調高或調低機器的數量或規格，而不會造成任何負面的影響。

前置時間（*Lead time*）

在自己維護伺服器的黑暗時代，為一個應用程式採購或新增一個伺服器可能要花上數個月的時間，如果您想在數週內嘗試新的想法，根本不可能做到。但有了 IaaS，前置時間可以從數個月縮短至數分鐘，經由精益創業（Lean Startup）（*http://theleanstartup.com*）的啟發，迎來了快速產品測試的年代。

成長中的雲端

IaaS 是雲端重要的一環，當然也包含了儲存服務，像是 AWS 簡易儲存服務（AWS Simple Storage Service，S3）（*https://aws.amazon.com/s3*）。AWS 快速的發展雲端服務，並成為領頭羊，另外也有其他的雲端服務供應商（cloud vendors），像是微軟（Microsoft）和谷歌（Google）。

雲端的下一步進化是平台即服務（platform as a service，PaaS），其中最受歡迎的 PaaS 服務提供者為 Heroku。PaaS 建立在 IaaS 之上，將主機的 OS 抽象化（abstracting），使用者只需要部署應用程式，接下來 PaaS 會負責安裝 OS、升級補丁，以及系統層級的監控（system-level monitoring）和服務發現（service discovery）等。

另外也可透過容器（container）來達到 PaaS。Docker（*https://www.docker.com*）在近幾年變得非常受歡迎，因為它可以精煉 OS、只提取應用程式所需的部分，就能滿足運行應用程式的系統需求。工具如 Kubernetes（K8S）（*https://kubernetes.io*）讓管理眾多 Docker 容器變得十分輕鬆，造就了一種雲端服務（cloud-based services），被稱為容器即服務（containers-as-a-service，CaaS）的產品，用來管理和安排容器。Amazon、Google 和 Microsoft 皆有提供 CaaS 平台的服務，像是 Google 的 Google Kubernetes Engine（GKE）、Amazon 的 EKS 以及 Microsoft 的 Azure Kubernetes Service（AKS）。

上述的 IaaS、PaaS 和 CaaS，可以被稱為計算即服務（*compute as a service*），也就是說，我們可以選擇不同類型的環境來執行特定的軟體。和 IaaS 相比，PaaS 和 CaaS 的不同之處在於將抽象化的層級拉高，並將繁重的工作留給其他人來代勞。

進入無伺服器的世界

無伺服器運算（serverlss computing）是雲端運算（cloud computing）的下一個階段，可以切分為兩個類型：後端即服務（backend as a service，BaaS）和函式即服務（functions as a service，FaaS）。

後端即服務

在 BaaS 的幫助下，自主維護和開發的伺服器端組件（Server-side components）可以被現有的服務所取代。在虛擬化執行個體（Virtual instances）和容器的概念上，BaaS 和軟體即服務（software as a service，SaaS）十分相似。但 SaaS 主要是外援工具，支援商業流程像是 HR 或銷售，技術性產品的話，如 GitHub，而 BaaS 則是將應用程式切分成模組，並使用外部產品和資源來實作這些模組。

BaaS 服務是通用域遠程組件（domain-generic remote components）（也就是非程序程式庫（not in-process libraries）），它可以透過應用程式介面（application programming interface，API），囊括進我們的產品之中。

BaaS 在開發行動應用程式（mobile apps）和單頁應用（single-page web apps）的團隊中變得相當受歡迎，很多類似的團隊已經依靠這第三方服務來執行服務，而不用自己手動建立。讓我們來看看幾個例子。

首先是 Google 的 Firebase（*https://firebase.google.com/*），Firebase 是一個由雲端服務提供商（這裡指的是 Google）所管理的資料庫產品，不用透過自建的中介應用伺服器，它可以直接被手機或是網頁應用程式存取。您會發現，服務代替我們管理資料組件（data components），這也是 BaaS 重要的特性。

BaaS 服務讓開發者可以依靠別人寫好的應用程式邏輯。這裡有個很好的例子——認證方式（Authentication），很多應用程式各自編寫自己的註冊、登入、密碼管理等程式碼，但是在許多的應用程式中，這些程式碼通常都很相似。這樣橫跨團隊和商業上的重工，需要有人來將其獨立出來，成為外部的服務，這也正是 Auth0（*https://auth0.com*）和 Amazon 的 Cognito（*https://aws.amazon.com/cognito*）想要解決的問題，兩個所提供的服務讓行動和網頁應用擁有完整的驗證功能和使用者管理，而無須開發團隊編寫或維護任何相關功能的程式碼。

BaaS 這個詞彙因為行動應用程式的開發而夯了起來，事實上，這個詞彙常會被稱作**行動後端即服務**（mobile backend as a service，MBaaS）。然而其中使用外部產品做為產品的一部分來開發的這種主要想法，對於行動開發或是一般前端開發（frontend development）而言並不特別。

函式即服務

剩下一半無伺服器的部分為函式即服務（function as a service，FaaS），如同 IaaS、PaaS 和 CaaS，FaaS 是另外一種形式的運算即服務——也就是可以執行軟體的通用環境，比起 FaaS，有些人更喜歡稱它為無伺服器運算（serverlss compute）。

透過 FaaS，我們將程式碼部署成獨立的函式或是工作，然後配置這些函式，讓它們可以在 FaaS 平台上被特定的事件（event）或請求（request）叫用或觸發（trigger）。平台自身根據每個事件啟用專用環境呼叫我們的函式，這些環境由短暫、完全受管的輕量虛擬機器或容器、FaaS 執行時間（runtime）和我們的程式碼組成。

這些環境不像其他類型的計算服務平台，因此我們無須顧慮程式碼的執行時間管理。

此外，因為接下來我們將會談到一些一般的無伺服器特性，因此，使用 FaaS 我們無須擔心主機或程序（procedure），而擴展和資源管理還是在我們的掌控之中。

辨別無伺服器

就像是 BaaS，使用外部應用程式組件的想法其實並不新奇——人們使用託管 SQL 資料庫（SQL databases）也已經有十年甚至更長的時間了。所以是什麼條件讓某些服務可以作為 BaaS？BaaS 和 FaaS 又有什麼共同點讓我們將它們歸類為無伺服器運算？

無伺服器運算（包含 BaaS 和 FaaS）的分類，主要依照五個準則，讓我們能用新方式來架構應用程式，這些準則有：

無須管理長期運行的伺服器或應用程式實體（*application instance*）

這是無伺服器的核心。主要運行伺服器端軟體（server-side software），需要我們部署、執行和監控應用程式實體（不論程式碼由誰編寫），其程式生命週期（application lifetime）超過一個請求；相反地，透過無伺服器，我們不用管理長期運行的伺服器程序或伺服器實體，甚至伺服器主機本身就不存在——它們是存在的，但不是我們需要顧慮或負責的。

根據需求自動擴展和自動佈建

自動擴展（auto-scaling）是系統根據當下負擔，動態調整容量需求（capacity requirements）的能力。目前已知的自動擴展解決方案需要耗費一定程度的團隊資源來達成，而若是從一開始就選擇無伺服器服務，就不用多花資源在自動擴展上了。

當無伺服器服務在執行自動擴展時，還會自動佈建（auto-provision）。它們削去分配運算能力——包括數量和大小等相關資源所需要的工作，大大地減輕運行上的負擔。

根據精確的使用量來計費，甚至是零使用量

這和前一項目有密切的關係——無伺服器的花費成本和使用量有關。舉例來說，使用 BaaS 資料庫的花費應該和使用程度緊密相關，而不是預先設定的使用資源，這些花費應該根據實際的使用儲存量和／或提出的請求數量。

請注意，我們並非說花費只能單純的根據使用量來計算，而是可能有些使用一般服務時的間接成本，但是絕大部分的花費，應該是要依照精確的使用量比例來調整的。

不同於主機種類大小和數量的性能配置能力

無伺服器運算平台提供一些性能配置選項是合理且有助益的，然而，這些配置選項應該從底層的實體或主機種類中完全地被抽象化出來。

具有隱含的高可用性

在運行應用程式時，我們通常使用高可用性（high availability，HA）一詞來代表即使底層的組件發生錯誤，服務還是可以繼續處理請求。我們期待服務提供者會透過無伺服器服務提供 HA。

舉例來說，如果我們使用 BaaS 資料庫，我們會希望服務提供者全心全意的處理個體主機或是內部組件的錯誤。

AWS 是什麼？

我們在本章已經說了好幾次的 AWS 一詞，現在該讓我們將這個雲端服務提供者中的龐然大物看仔細一點了。

從 2006 年 AWS 問世，就以讓人難以置信的速度成長，包括提供服務的數量和種類、所能提供的運算資源和正在使用其底下服務的公司數量。讓我們從各個面向來看。

服務的種類

AWS 擁有超過上百種的服務，有些是底層服務，如：網路、虛擬機器和基本的塊儲存（block storage）。在這些服務之上的抽象化，提供了如：資料庫、PaaS 和訊息匯流排

（Message Bus）等組件服務。最後是在這些之上的應用程式組件，如：使用者管理、機器學習和資料分析。

除了上述服務之外，另外是 AWS 龐大且必要的管理服務，如：安全性、花費報表、部署和監控等。

這些服務的組合如下圖 1-1 所示。

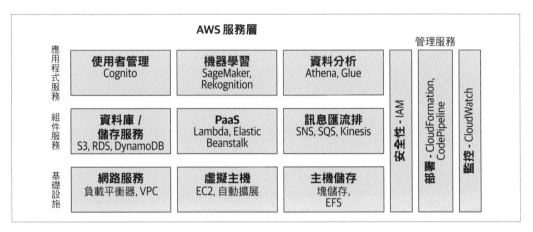

AWS 服務層

			管理服務	

應用程式服務
| **使用者管理**
Cognito | **機器學習**
SageMaker, Rekognition | **資料分析**
Athena, Glue |

組件服務
| **資料庫 /
儲存服務**
S3, RDS, DynamoDB | **PaaS**
Lambda, Elastic Beanstalk | **訊息匯流排**
SNS, SQS, Kinesis |

基礎設施
| **網路服務**
負載平衡器, VPC | **虛擬主機**
EC2, 自動擴展 | **主機儲存**
塊儲存,
EFS |

安全性 - IAM

部署 - CloudFormation, CodePipeline

監控 - CloudWatch

圖 1-1　AWS 服務層

AWS 喜歡以 IT 界的「樂高積木」提供者自稱，並提供了為數甚多且可插拔的資源，讓使用者可以創造龐大、高度可擴展且具有企業層級的應用程式。

容量

截至 2020 年，AWS 在全球已擁有 109 座資料中心，如圖 1-2 所示。用 AWS 的用語來說，每座資料中心對應到一個可用區域（Availability Zone，AZ），再來將地理位置上相近的資料中心化為一個群集，稱作區域（region）。AWS 擁有超過 20 個不同的區域，橫跨五大洲。

這樣看來，AWS 擁有很多的電腦呢！

在區域的總數持續增長的同時，各區域中的容量也在增加。很多美國網路公司在位於北維吉尼亞（在華盛頓特區外）的 us-east-1 區域中運行他們的系統，而且越多公司在這裡運行他們的系統，就越可以相信 AWS 在增加可用伺服器數量，這是 AWS 和其客戶之間良善的循環。

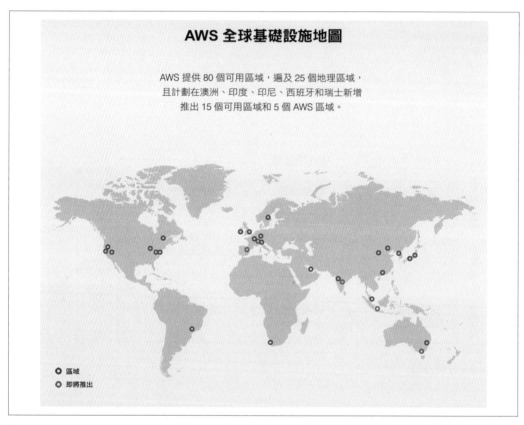

AWS 全球基礎設施地圖

AWS 提供 80 個可用區域，遍及 25 個地理區域，
且計劃在澳洲、印度、印尼、西班牙和瑞士新增
推出 15 個可用區域和 5 個 AWS 區域。

◉ 區域
◎ 即將推出

圖 1-2　AWS 區域（來源：https://oreil.ly/61Ztd）

當您使用類似 AWS EC2 的服務時，您會指定可用區域。而等級較高一點的服務，通常則只要挑選區域即可，剩下的問題會交由 AWS 用個別資料中心來處理。

值得注意的是，Amazon 的區域模型，從邏輯上和從軟體管理的角度上來說，各區域間不互相影響且彼此獨立。也就是說像是斷電的硬體問題，或是像是部署錯誤的軟體問題，這些問題在某區域發生的話，並不會影響到其他的區域。以使用者的角度來看這區域模型的確需要花點心力來建置，但是整體上來說是相當不錯的。

AWS 使用者是誰？

AWS 在全球擁有大量的客戶，大型企業、政府、新創公司團隊和個人都在使用 AWS，您正在使用的許多網路服務可能都建立在 AWS 上。

AWS 不只是個網站，許多公司已經將其大部分的「後端」IT 基礎建設搬上 AWS，並發現比起自己維護實體基礎建設，這是一個更好的選擇。

當然 AWS 並不是獨占這個市場，在歐美市場上 Google 和 Microsoft 是其最大的競爭者，而在新興的中國市場上則有阿里雲（Alibaba Cloud）較勁，此外，還有許多提供擁有特定服務給客戶的雲端服務提供者。

該如何使用 AWS？

您第一次和 AWS 的互動應該會透過 AWS 管理主控台（AWS Web Console）（*https://console.aws.amazon.com/console/home*），這時您需要一些訪問憑證（access credential），這需要透過帳戶（account）來獲得權限。帳戶由您在 AWS 中定義的服務配置群體組成，而各個服務會對應到不同的計費方式（也就是根據您使用的服務，付費給 AWS）。許多公司傾向將其旗下的產品服務放在同個帳戶中（帳戶可以有子帳戶（subaccount），但本書不會深入探討這個主題，只是要讓您們知道——要是公司有提供憑證來控管 AWS，那很有可能是特定的子帳戶）。

如果公司並沒有提供憑證，您會需要創建帳戶，可以給予 AWS 信用卡資訊來創建帳戶。如果只是為了操作本書的練習題，由於 AWS 有很多免費方案（free tier），您最終不用付給 AWS 半毛錢。

憑證的格式可能是典型的帳號和密碼，或是透過單一登入（single sign-on，SSO）（像是透過 Google 的行動應用程式或是 Microsoft Active Directory），不論哪種方式最終都將成功登入管理主控台。第一次使用管理主控台是一個可怕的經驗，有上百個服務映入您的眼簾，這讓您備感壓力，要是只知道這些服務的字母縮寫，那會更讓人對這些陌生的服務感到恐懼。

這是其中一個讓 AWS 主控台令人生畏的原因，它是上百個產品的集合，並不是一個產品而已。這些產品在主控台只是一個連結，而因為 AWS 產品各具獨立的特性，當您點擊連結深入探究某項產品時，會發現和另外一項產品截然不同。有時使用 AWS 的時候，感覺像是偷偷摸摸地在探索 AWS 營運組織，別擔心，我們也有這樣的感覺。

管理主控台之外，也可以透過 AWS 的外部 API 和其互動。由於 AWS 很早就存在了，甚至 AWS 出現以前每個服務也是透過公開 API 來互動，這也表示可以透過 API 配置 AWS，可完成您的任何需求。

在這些 API 之上是命令列介面（command line interface，CLI），也是本書會用到的。CLI 就是透過 API 和 AWS 溝通的客戶端應用程式，在下個章節（AWS 命令列介面）會討論如何使用 CLI 來配置 AWS（參見第 27 頁的「AWS 命令列介面）。

AWS Lambda 是什麼？

Lambda 是 Amazon 的 FaaS 平台。稍早前提過 FaaS，現在讓我們來解釋一些細節。

函式即服務

如同先前介紹的，FaaS 是一種建立和部署伺服器端軟體的全新方法，主要是針對部署單個函式或作業。FaaS 是造就無伺服器火熱話題的來源，其實很多人認為無伺服器就是 FaaS，但這些人遺漏了重要的一點。在本書專注於 FaaS 的同時，我們鼓勵您在建置大型應用程式時參考 BaaS。

我們部署伺服器端軟體時，首先從主機實體開始——可能是個虛擬主機或是容器（請見圖 1-3），之後開始部署應用程式。這些程式通常在主機內以作業系統的程序來執行，並且應用程式包含了擁有不同但相關的作業程式碼，像是一個可以同時抓取和更新資源的網路服務。

圖 1-3　傳統伺服器端軟體的部署

但從責任歸屬的觀點來看，身為使用者的我們需要負責三個面向的配置——主機實體、應用程式程序和作業。

FaaS 改變了部署的模型和所需要負責的任務（請見圖 1-4），主機實體和應用程式被我們的模型剔除，從此我們只需要專注於個別的作業或是函式的程式邏輯。我們只需要將函式上傳到 FaaS 平台，接下來不是使用者的責任，而是將一切交由雲端服務提供者來負責。

圖 1-4　FaaS 軟體部署

函式不會持續的運作於應用程式程序內，反而是等待其需要執行的時機，再像傳統系統執行時一樣地運作。也就是說，FaaS 會被特定事件驅動。當特定事件發生，平台會初始化 FaaS 函式，之後再用特定事件來呼叫它。

一旦函式執行完畢，FaaS 平台便會將其銷毀，或者為了優化，平台會將函式保留一段時間，直到有下個事件需要被處理。

透過 Lambda 建立 FaaS

2014 年發佈了 AWS Lambda，其廣泛度、成熟度和使用量就持續地成長。有些 Lambda 函式（Lambda function）可能只有些許的吞吐量（throughput），可能一天就執行一次或者更少，但有些可以單日就執行數百萬次。

Lambda 實作 FaaS 的方式是透過初始化短暫受管的 Linux 環境，給予每個函式實體獨立的環境使用，Lambda 確保每個環境只會處理一個事件。在寫入的時候，Lambda 要求函式在 15 分鐘內將事件處理完畢，否則將會放棄執行。

Lambda 提供了輕量的程式設計和部署模型，我們只需要提供一個函式和相關的相依程式庫（dependencies），將其包裝在 ZIP 或 JAR 檔內，就能讓 Lambda 完全管理執行時間環境。

Lambda 和許多其他的 AWS 服務密切整合，這些服務可以透過事件驅動 Lambda，而這也表示使用 Lambda 可以打造種類繁多的應用程式。

稍早在本書內定義的辨別無伺服器標準中，Lambda 是一個完全無伺服器服務，尤其：

無須管理長期運行的伺服器或應用程式實體
我們透過 Lambda 將底層主機抽象化，此外我們不用管理應用程式的執行，一旦程式碼將特定的事件處理完畢，AWS 就會將執行時間環境銷毀，並將其資源釋放。

根據需求自動擴展和自動佈建
這是 Lambda 帶來的主要效益，資源管理和自動擴建是透明、自動的。在任何時間點，一旦將程式碼上傳，Lambda 平台（Lambda platform）就會創建足夠的環境來處理工作。也就是說，要是因為需求，馬上需要上百個不同的實體，那 Lambda 會快速地擴建且不需要我們花費任何的心力。

根據精確的使用量來計費，甚至是零使用量
AWS 會根據 Lambda 所花費的時間來計費，而且其計費精準度細緻到以 100 毫秒（millisecond，ms）為單位。也就是說如果函式每五分鐘執行 200 ms，那這將會以 2.4 秒每小時來計費。而且這精準的使用量成本結構是不受函式實體數量所影響的。

不同於主機種類大小和數量的性能配置能力
因為我們透過 Lambda 虛擬化了底層主機，所以不用指定虛擬主機的型號或是數量，來調整我們對性能的需求。取而代之的，我們改為函式選擇 RAM 的大小（最高可達 3GB），來滿足性能上的需求。我們將在後續的章節中討論，請見位於第 60 頁的「記憶體和 CPU」。

具有隱含的高可用性
要是特定的底層主機故障了，接下來 Lambda 會自動的在不同的主機重新啟動新的環境。相同的，要是特定的資料中心（可用區域）故障了，那 Lambda 會自動的在同個區域但不同的可用區域重新啟動新的環境。然而，區域層級的錯誤則是身為 AWS 使用者的我們要處理的，我們將會在書末做說明，請見第 242 頁的「全球分散式系統」。

為什麼選 Lambda？

套用稍早雲端效益計算方法於 Lambda 上，計算後會發現使用 Lambda 相較於其他類型的主機平台便宜；運行 Lambda 應用程式（Lambda application）所需耗費的功夫和時間很少；而且 Lambda 的擴展彈性壓倒性的勝過其他可行選項。

然而從本書的觀點來看，最主要的效益是 Lambda 建立應用程式的敏捷性，以及整合其他 AWS 服務的多元性。我們時常耳聞有公司可以在一兩天內建立全新的應用程式並上架。為了能夠讓我們免於管理基礎設施相關的程式碼，我們通常將其作為一般應用程式開發流程，以節省大量時間。

Lambda 雖然並不完美，而且有些產品甚至提供了更好的「開發者體驗」，但是其他的產品缺少了和現有的雲端服務提供者強烈的連結，Lambda 比起其他 FaaS 平台有更多的容量、成熟度和大量的整合點，因此我們還是會推薦 Lambda。

Lambda 的應用程式長怎樣？

傳統、永久執行的伺服器應用程式通常需要透過以下兩種方法之一來運作，不論是透過 TCP/IP 插座並等待進來的連結（inbound connections），或是一個內部排程機制將連接導到遠端資源並檢查新工作。因為 Lambda 是一個事件導向（event-oriented）平台，而且 Lambda 會強迫逾時（timeout），所以上述的這兩種模式皆適用 Lambda 應用程式。所以我們該如何建立 Lambda 應用程式呢？

需要考量的第一點是最初階的 Lambda 函式可以被以下兩種方式其一叫用（Invoke）：

- Lambda 函式可以被同步（synchronous）叫用——AWS 將其稱為 RequestResponse，在這情境下，上游組件呼叫 Lambda 函式，並且等待 Lambda 函式產生回應（response）。

- 此外 Lambda 函式可以被非同步（asynchronous）叫用——AWS 將其稱為 Event，這一次，來自上游呼叫者的請求會立即被 Lambda 平台回應，同時 Lambda 函式會著手處理請求，不會有進一步的回應返回給呼叫者。

這兩種叫用（invocation）模型擁有許多其他的行為，而在接下來的章節我們會再討論，從第 43 頁的「叫用類型」開始，但目前我們先來看一些使用範例。

Web API

Lambda 可以實作 HTTP API 嗎？答案是可以！雖然 Lambda 自身並非 HTTP 伺服器，但是搭配另外一個 AWS 組件——*API Gateway*，這個組件可以提供典型網頁伺服器所擁有的超文本傳輸協定（HTTP protocol）和路由邏輯（routing logic），請見圖 1-5。

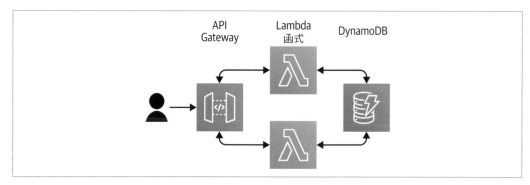

圖 1-5　透過 AWS Lambda 實作 Web API

上述的圖表秀出了單頁應用程式（Singlepage web apps）或行動應用程式所使用的典型 API，使用者的客戶端透過 HTTP 呼叫了數次後端來拿取資料或 / 和初始化請求。在這邊的情況，Amazon API Gateway 作為 HTTP 伺服器處理了 HTTP 請求。

配置 API Gateway，以對應請求和處理常式（Handler）（舉例來說，要是客戶端打了請求 `GET /restaurants/123`，接下來 API Gateway 會將請求的細節傳給 Lambda 函式 `RestaurantsFunction`），API Gateway 便會同步地呼叫 Lambda 函式，然後等到函式做完處理並回覆。

由於 Lambda 函式實體並不是可以被直接遠端呼叫的 API，而是透過 API Gateway 呼叫，並且指定 Lambda 函式、叫用類型（`RequestResponse`）和請求變數。當條件都達成，Lambda 平台就會初始化一個叫做 `RestaurantsFunction` 的實體並用請求變數叫用它。

Lambda 平台有一定的限制，像是前面提過的最大逾時，但除此之外它已經夠像是一個標準的 Linux 環境了。舉例來說，我們可以透過 `RestaurantsFunction` 呼叫資料庫——Amazon 的 DynamoDB 就是一個搭配 Lambda 時很受歡迎的資料庫，部分原因可能是兩種服務都有很好的擴展能力。

因為同步作業的關係，一旦函式完成了工作，就會回覆一個回應，這個回應會經過 Lambda 平台傳到 API Gateway，並在 API Gateway 中將回應轉換成 HTTP 回應訊息（HTTP response message），最後傳回給客戶端。

一般來說，Web API 會滿足不同種類的請求、對應到不同的 HTTP 路徑（HTTP paths）和動詞（HTTP verbs）（像是 GET、PUT、POST 等）。在開發 Lambda 為骨幹的 Web API 時，通常會根據不同的請求設定對應一個不同的 Lambda 函式，雖然這不是強制的，您一樣可以只設定一個函式和其中的邏輯，並根據不同的 HTTP 請求給予不同的回應。

檔案處理

檔案處理是一個常見的使用範例。想像一下，一個具有上傳照片到遠端伺服器功能的行動應用程式，可以適用不同的檔案格式，而且允許不同的圖片檔案大小，如圖 1-6。

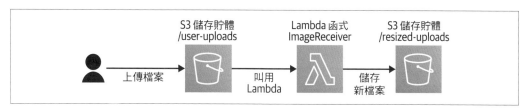

圖 1-6　用 AWS Lambda 處理檔案

S3 是 Amazon 的簡易儲存服務，一樣在 2006 年發佈。行動應用程式可以安全地透過 AWS API 上傳檔案到 S3。

S3 可以被配置成，一但有檔案上傳就叫用 Lambda 平台、叫用特定的函式和給予其檔案路徑。和前一個範例一樣，透過 S3 驅動 Lambda 平台讓平台初始化 Lambda 函式並使用請求細節叫用函式。和前一個範例不同的是，這次是非同步的叫用（S3 會指定叫用類型事件），不會有回應傳回 S3，S3 也不會等待回應。

這一次我們的 Lambda 函式是為了**副作用**而存在的，它載入請求中指明的檔案，並在不同的 S3 儲存貯體（S3 Bucket）中建立全新、調整過大小後的檔案，也就是我們所謂的副作用。當副作用完成後，Lambda 函式就完成了它的工作。因為 Lambda 函式在另外一個 S3 儲存貯體中創建新的檔案，我們也可以針對這個 S3 儲存貯體增加 Lambda 觸發條件（Lambda trigger），並叫用其他 Lambda 函式來處理被產生的檔案，產生一條檔案處理管線。

其他 Lambda 應用程式範例

前面的兩個範例展現了兩種不同的使用情境、兩種不同的 Lambda 事件來源（Lambda event source），還有許多的事件來源可以讓我們建立許多不同種類的應用程式，下面條列了一些：

- 我們可以建立訊息處理應用程式（message-processing applications），以訊息匯流排當作事件來源，如簡易通知服務（Simple Notification Service，SNS）、簡易佇列服務（Simple Queue Service，SQS）、EventBridge 或是 Kinesis。

- 我們可以建立處理 email 的應用程式，以簡易電子郵件服務（Simple Email Service，SES）當作事件來源。

- 我們可以建立類似 cron 的排程任務應用程式，用 CloudWatch 排程事件（CloudWatch Scheduled Events）當作驅動條件。

注意這些服務有別於 Lambda，它們是 BaaS 也是無伺服器服務。將 FaaS 和 BaaS 結合以創造**無伺服器架構**（serverless architectures）是一個非凡且強大的技術，因為它們有相似的擴展、安全和計價特性。事實上這樣的服務組合造就了無伺服器運算（serverless computing）的人氣。

我們將在第五章更深入的討論如何建立這樣的應用程式。

Java 世界的 AWS Lambda

AWS Lambda 原生地支援巨量的程式語言，JavaScript 和 Python 這類受歡迎的「新手入門」語言（也產生了非常多的應用程式），因為它們具有動態型別和無須編譯的特性，而能迅速開發。

然而我們這兩位作者都用 Java 來編寫 Lambda，雖然 Java 在 Lambda 的世界偶爾有不好的傳聞——有些公正，但有些並不公正。如果您需要的 Lambda 函式可以在 10 行內被編寫完，那使用 JavaScript 和 Python 會比較快速，但是對於大型的應用程式而言，使用 Java 建立 Lambda 函式有以下幾個優點：

- 如果您們的團隊對於 Java 的熟悉程度，相對高於其他 Lambda 支援的程式語言，那您們使用 Java 會有經驗技能上的優勢，並且發揮在新的執行時間平台上。Java 和 JavaScript、Python 和 Go 等在 Lambda 的生態系中是「高階語言」，也就是 Lambda 對於 Java 的輔助和支援不亞於其他的語言，而能夠發揮其長處。更進一步來說，如果您們已經使用 Java 編寫了大量的程式碼，那麼將這些程式碼轉移至 Lambda 會比起重新使用其他語言來實作更為減省時間，也能帶來顯著的上市時間優勢。

- 若訊息系統擁有大量的流通量，在執行時間效能上，使用 Java 編寫會比起 JavaScript 和 Python 帶來更顯著的效能優勢。而且以 Lambda 的計費模式來說，更「快速」能減少更多花費，這樣就不只是更「快速」而是「更好」了。

對於 JVM 的支援和服務來說，在本書撰寫的期間，Lambda 支援 Java 8 和 Java 11 執行時間。Lambda 平台會初始化其中一版的 Java 執行環境（Java Runtime Environment）於 Linux 環境中，並在 Java VM 中執行程式。因此我們的程式碼需要和 Java 的執行環境相容，而且這並不限於只使用 Java 程式語言，如 Scala、Clojure 和 Kotlin 等在 JVM 上執行的程式語言皆可以在 Lambda 上執行（要了解更多請見第 228 頁的「其他 JVM 語言和 Lambda」）。

當然還有更進階的選項，如果上述的 Java 版本不能滿足需求，那可以透過 Lambda 自訂專屬的執行時間，我們將在第 227 頁「自訂執行時間」深入討論。

而為了應用程式的運行，所需要的程式庫也必須要包裝到應用程式中，Lambda 平台針對 Java 執行環境提供了一些程式庫（也就是 AWS Java Library），您將在第 65 頁「建立和打包」學到。

最後 Java 有程式設計構造叫做 *Lambda 表達式*（Lambda expression）（*https://oreil.ly/nnjwh*），這和 AWS Lambda 沒有任何的關係。由於 AWS 也支援 Java 8 和其以上的 Java 版本，因此您可以自由地在 AWS Lambda 函式中使用 Lambda 表達式。

總結

在本章您了解了無伺服器運算為何是雲端服務的下一個突破，它是一個全新的建立應用程式的方法，透過其他的服務進行擴展和資源管理，並且透明、無須配置。

而且您現在了解了無伺服器由函式即服務（FaaS）和後端即服務（BaaS）組成，其中 FaaS 作為無伺服器的一般用途運算平台（computing paradigm）。想要了解更多和無伺服器相關的知識，我們推薦一本免費的歐萊禮電子書 *What Is Serverless?*（*https://oreil.ly/5YbLa*）。

此外，您應該也具備了全世界最受歡迎的雲端平台之一的 AWS 基本知識，並了解 AWS 提供了多大的容量供使用者執行應用程式，還有如何透過管理主控台和 API/CLI 控制 AWS 資源。

我們還介紹了 AWS Lambda——Amazon 的 FaaS 產品，比較了「用 Lambda 思考」和傳統建立應用程式在思維上的差異，以及為何推薦您使用 Lambda 而不是其他的 FaaS 產品，並且提供用 Lambda 建立的應用程式範例。

最終帶您快速、概略地了解為何 Java 是建立 Lambda 的最佳語言選擇。

在第二章我們將建立我們的第一個 Lambda 函式，準備好勇敢地迎接全新的世界！

練習題

1. 嘗試取得 AWS 帳戶（*https://aws.amazon.com*）的訪問憑證，最簡單的方式是建立全新的帳戶。如同前面所介紹的，選擇此方法會需要提供信用卡卡號，但是因為有免費方案，因此操作本書的練習題不會造成任何的花費，除非您非常熱衷於練習和測試！

   或者您可以使用已經存在的 AWS 帳戶，但是這樣的話我們會推薦使用「開發環境」帳戶，這樣才不會影響到「正式」系統。

   我們也強烈建議不論您存取什麼，全部賦予最高的帳戶管理權限，否則您會被安全性問題深深地困擾。

2. 登入 AWS 管理主控台（*https://console.aws.amazon.com*），找到 Lambda，並確定其中是否有任何的函式了？

3. **進階習題**：瀏覽 Amazon 的無伺服器行銷頁面（*https://aws.amazon.com/serverless*），尤其是描述位於「無伺服器平台」內多種服務的頁面，其中哪些服務符合我們前面定義的無伺服器服務辨別標準？而哪些不符合呢？然後從哪些面向來看，它們「幾乎」是無伺服器的？

第二章

開始使用 AWS Lambda

第一章提供這本書所需要的基礎背景：雲端、無伺服器、AWS，也說明了何謂 Lambda、它如何運作和它能做什麼。但這是本實作書，所以這個章節我們會捲起袖子，著手開始部署一個本地、已開發的函式到雲端上。

首先，讓您熟悉 AWS 控制台，然後部署並運行我們的第一個 Lambda 函式。之後，我們將準備好本地開發環境，最後，我們將建構本地開發的函式，並將其部署到 Lambda。

> 如果您已經體驗過 AWS，請跳過這部分，直接到第 22 頁「Lambda Hello World（快速版）」。

AWS 管理主控台導覽

在第一章的前兩個練習題，其中之一是如何取得 AWS 憑證並登入到 AWS 管理主控台（*https://console.aws.amazon.com*），如果您還沒做過，您該現在試試看。

您在這邊可能會有些許的困惑，因為登入時有三種不同的憑證可以使用：

- 您可能是透過電子郵件信箱和密碼使用「root」使用者，這和使用 Linux 系統下的根使用者（root user）相當類似。

- 您可能是使用「IAM user」和密碼，在這情況下也需要提供 AWS 帳戶 ID（或者一個 AWS 帳戶別名）。

- 最後，您可能是使用單一登入（例如：透過 Google 應用程式帳戶（Google Apps account））。

您成功登入了嗎？讓我們繼續 AWS 世界的旅程吧！

 這裡先給一個警告 / 解釋。AWS 管理主控台的使用者經驗（UX）變動頻繁，在閱讀本書的時候，使用者介面（UI）可能已經和本書內容看起來不一樣了，但我們會盡力地解說範例內的內容，讓您即使 Amazon 調整 UI 也能夠適應並照著使用。

區域

首先我們來討論一下區域，在網頁的右上角，您可以看到目前選擇的區域（圖 2-1）。

圖 2-1　目前所選區域

如同第一章所學的，AWS 將多個資料中心組織起來的基礎建設稱為**可用區域**（Availability Zones，AZs），並將距離相近的數個可用區域組成一個**區域**（region）。現在您看到的管理主控台首頁所選擇的區域是俄勒岡（Oregon），也可以稱作 us-west-2。

您不必使用預設的區域作為登入使用，您可以任意選擇喜歡的區域登入，點選區域名稱並且看看您可以選擇的區域清單（圖 2-2）。

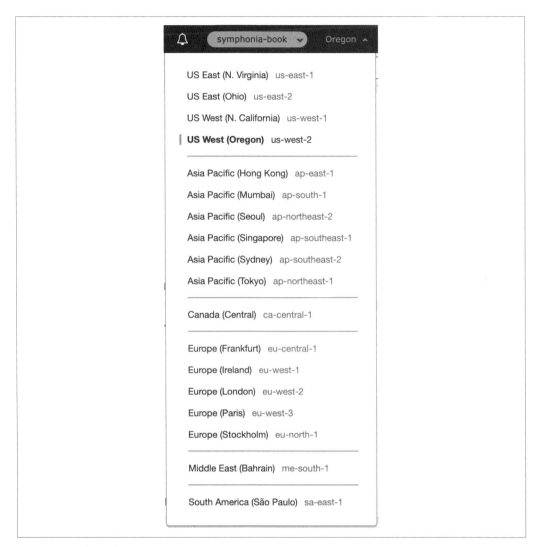

圖 2-2　選一個區域

不論選哪一個區域皆足夠實作本書所涵蓋的範圍。我們將使用預設的美西（Oregon）完成本書需要的實作。您可以和我們做一樣的選擇，或是選一個離您最近的區域來使用。

身分和權限管理

現在先選擇我們的第一個服務──IAM。在管理主控台首頁找到它有兩種方法，不論是展開全部的服務，並在裡面找到 *IAM*，或是直接在搜尋框中輸入 *IAM*，然後點選它。

IAM 是身分和權限管理（Identity and Access Management）的縮寫，這是 AWS 最基礎的安全性服務，也是其中少數不綁定特定區域的 AWS 服務（在圖 2-1 的箭頭處會顯示全球（Global），另外也請注意您定義的區域對全球的引用）。

IAM 讓您創立「IAM 使用者」、群組、角色、政策以及更多的功能。如果您正在使用為了本書而創立的 AWS 帳戶（而且使用「root」電子郵件來登入），我們建議您創建一個 IAM 使用者，為接下來書中內容做準備，這將在第 28 頁的「為 AWS CLI 取得憑證」中說明。

角色（Roles）用來賦予人或程序存取某些特定資源的特權，以完成某些任務，角色不像使用者一樣擁有使用者名稱或是密碼，而且是一定要被指定之後才有功用的。

您很快會發現 AWS 十分注重安全性，當您創立 Lambda 函式的時候，您**一定**要指定一個角色來執行它，AWS **不會**讓使用者使用預設角色，接下來，我們將在第一個函式創立時看到。

對於 IAM 基礎的了解是非常重要的，因為像是角色或政策這些 IAM 功能對於開發 Lambda 而言緊密相關，本書將在第 79 頁「身分和權限管理」全面性地說明。

Lambda Hello World（快速版）

我們將在這個段落部署並執行我們的第一個 Lambda 函式，但是我們要先分享一個小秘密，這次會先以 JavaScript 來操作，噓──別和我們的編輯說，我們保證過這是一本 Java 書籍！

然而，會先以 JavaScript 來操作，是因為可以只使用網頁瀏覽器在短短數分鐘內完成操作。

首先，回到管理主控台首頁，並選擇 Lambda。如果您尚未在這個帳戶底下使用過 Lambda，那會有像是圖 2-3 相似的畫面。

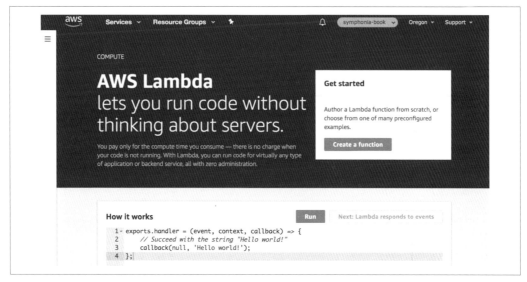

圖 2-3　Lambda 歡迎介面

要是 Lambda 曾經在個帳戶底下被使用過，那您的畫面應該會像圖 2-4。

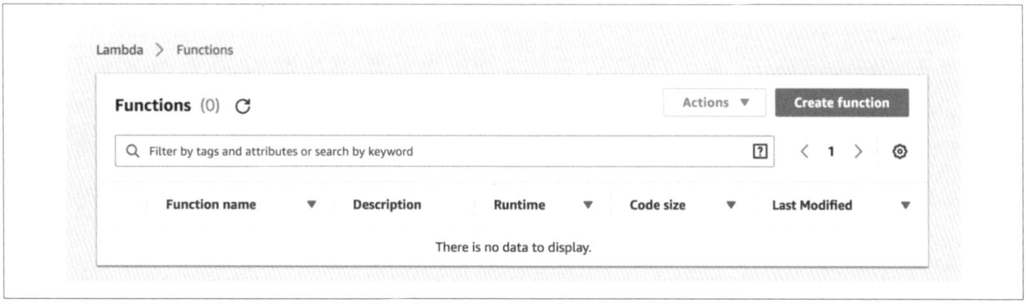

圖 2-4　Lambda 函式清單

再一次說明，因為 Amazon 時常調整 UI 設計，上述的畫面可能會有些許的不同。

不論是哪個畫面，點選建立函式（Create function），接著選擇從頭開始撰寫（Author from scratch）。這裡有些其他選項供起始比較複雜的函式用，但是現在我們只是要做很簡單的事情而已。

在函式名稱框格內（請見圖 2-5），輸入 **HelloWorld**，接著在執行時間點選 Node.js 10.x，別擔心，我們很快就會使用到 Java 了！現在請點建立函式（*Create function*）。

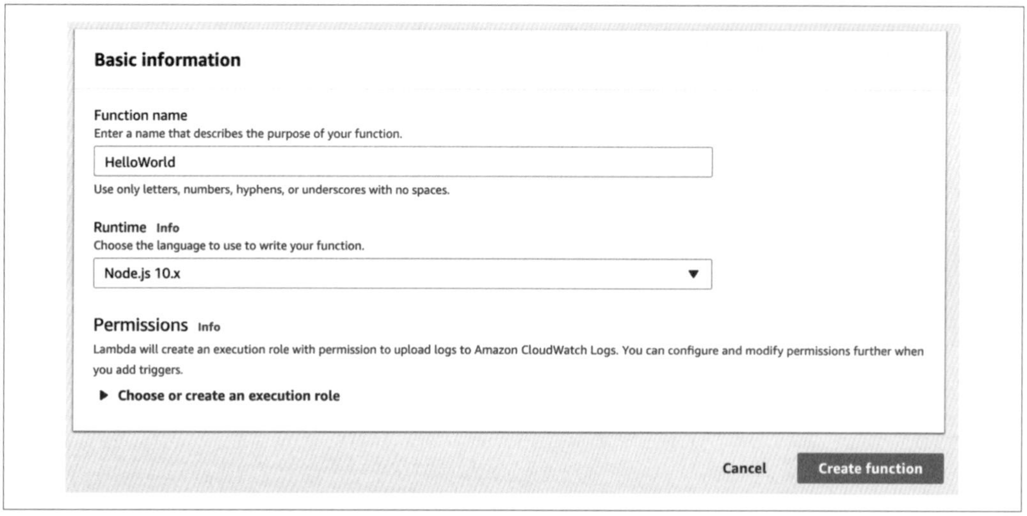

Basic information

Function name
Enter a name that describes the purpose of your function.

HelloWorld

Use only letters, numbers, hyphens, or underscores with no spaces.

Runtime Info
Choose the language to use to write your function.

Node.js 10.x ▼

Permissions Info
Lambda will create an execution role with permission to upload logs to Amazon CloudWatch Logs. You can configure and modify permissions further when you add triggers.

▶ **Choose or create an execution role**

Cancel **Create function**

圖 2-5　創立 HelloWorld 函式

如果做完上述步驟後，畫面自動擴展了主控台下半部的權限（Permissions）部分，請在執行角色（Execution role）的下拉式選單中選擇建立具備基本 *Lambda* 許可的新角色（Create a new role with basic Lambda permissions），再點選建立函式（請見圖 2-6）。

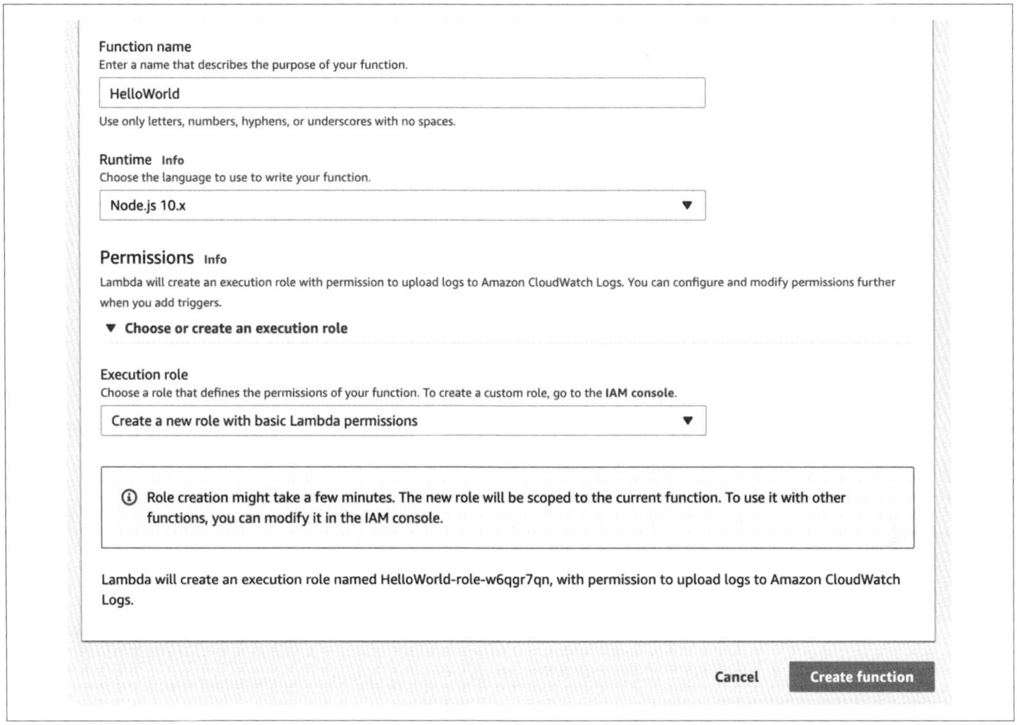

圖 2-6　創立 HelloWorld 函式，並指定創另新角色

在等待一段時間後，將被帶回到 Lambda 函式主控台，這時 Lambda 函式應該已經被配置於 Lambda 平台了。

如果您往下滑，您將發現函式主控台甚至給予了這個函式一些預設的程式碼，這些對於我們現在而言已經夠用了。

如果您滑回頁面上方，然後點選**測試**（Test）按鈕，這會展開一個對話框叫做**設定測試事件**（Configure test event），然後在事件名稱（Event name）欄位輸入 `HelloWorldTest` 並按下建立，之後會回到 Lambda 函式畫面，現在再點一次**測試**。

這一次 Lambda 會執行您的函式，在一開始的時候，因為 Lambda 要初始化程式碼要用的環境，因此會有短暫的延遲，之後會看到**執行結果**（Execution result）的方框，這表示函式執行成功！

點開詳細資訊（Details），會看到回傳給函式的值，還有附帶一些執行時的紀錄和診斷（請見圖 2-7）。

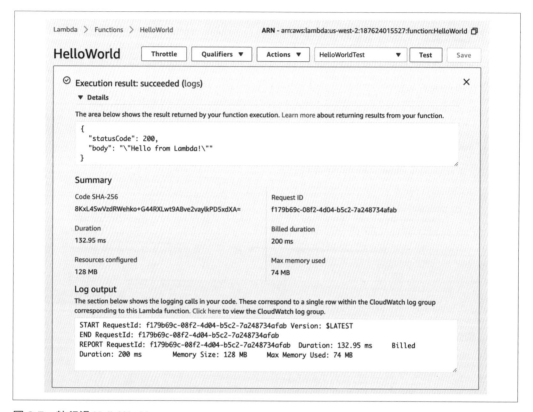

圖 2-7　執行過 HelloWorld

恭喜！您已經成功創立和執行第一個 Lambda 函式！

設定開發環境

現在您有嚐過執行函式的滋味了（不需要伺服器！），我們將回過頭來以較為適合快速迭代和自動化的方式，建立和部署 Java Lambda 函式。

但首先，您必須設定好本地開發環境。

AWS 命令列介面

如果曾經使用過 AWS CLI，那您的電腦應該已經配置好，可以跳過這個步驟。

安裝 AWS CLI

Amazon 和 AWS 是建立在眾多 API 之上的，我們在一則有關 Amazon 對於 API 的要求的經典故事（*https://oreil.ly/AixTf*）中，可以看到這兩句話：「所有團隊今後都將透過服務介面揭發其資料和功能」和「沒有例外，所有服務介面皆要被徹底設計成可被外部化」。這代表我們透過 AWS 管理主控台介面可以做到的事情，透過 AWS API 和 CLI 也可以做得到。

AWS API 提供大量的終端（endpoints）給予使用者使用，我們可以透過它們在 AWS 內執行各種的動作。雖然透過 API 進行操作被完美支援，但有些時候還是很費工，舉例來說，像是驗證（authentication）／請求登入（request signing）和序列化（serialization）等，因為上述的原因，AWS 給予兩個工具讓操作變簡單——SDK 和 CLI。

軟體開發套件（Software development kit，SDK）是 AWS 提供的程式庫，我們可以將它包在程式碼中呼叫 AWS API，用來處理程式碼中費工或是棘手的部分，像是驗證，而後續將在書中第 93 頁「範例：建立無伺服器 API」做深入討論。

但現在，我們將使用 AWS CLI 進行操作，CLI 是一個我們可以在終端機（Terminal）使用的工具，它將 AWS API 包起來，因此任何 API 可以做到的，CLI 也做得到。

CLI 可以在 macOS、Windows 和 Linux 使用，然而本書將使用 macOS 作為範例，如果您使用不同的作業系統作為開發機器，請結合這邊的指示和 AWS CLI 的官方文件來操作。

跟著下列連結指示安裝 CLI（*https://oreil.ly/84dGt*），如果您使用 Mac 和 Homebrew（*https://brew.sh/*），只需要簡單的執行 brew install awscli。

為了驗證是否確實安裝 CLI，請在終端機提示字元（prompt）執行 **aws --version**，會回傳類似下方的文字：

```
$ aws --version
aws-cli/1.15.30 Python/3.6.5 Darwin/17.6.0 botocore/1.10.30
```

確切的輸出文字會根據您的作業系統和其他原因而有差別。

作業系統的快速筆記

這本書是使用 Mac 作業系統作為範例（特指 MacOS 10.14 Mojave）。

Linux 使用者應該可以直接使用本書提供的範例。

Windows 使用者需要調整部分的終端機命令呼叫方式，調整的方式如下：

- 在本書中看到指令開頭有 **$**，您應該要在電腦的終端機 / 命令提示字元中輸入的指令就是 **$** 後的字元（舉例來說，像是前面的 **aws --version**）。

- 單引號（**'**）通常可以被雙引號（**"**）取代。

- 雙引號（**"**）可以用（**\"**）字元跳脫。

- 至於變數代換，以 **$CF_BUCKET** 舉例，用 **%CF_BUCKET%** 取代。

- 用 **type** 取代 **cat** 指令

- 用來表示多行指令的範例中的反斜線需要拿掉，取而代之的是直接轉變成一行長指令，直接輸入在命令提示字元上。

為 AWS CLI 取得憑證

AWS CLI 所使用的憑證和其他 AWS 管理主控台的憑證**不一樣**，要使用 CLI，需要兩個值：**存取金鑰** *ID*（Access Key ID）和**私密存取金鑰**（Secret Access Key），如果您已經有上述的值了，請跳過下面的段落。

每對存取金鑰 ID 和私密存取金鑰是一個 IAM 使用者的憑證，當然也可以賦予一對存取金鑰 ID 和私密存取金鑰到對應電子信箱的根使用者帳戶，但因為權限安全上的考量，AWS 強烈建議不要這樣做，而且我們也是。

如果尚未擁有一個 IAM 使用者（可能是因為您以根使用者帳戶身分登入，或是透過 SSO 登入），您會需要建立一個 IAM 使用者。請到本章前面我們訪問過的 IAM 主控台，點選**使用者**（Users），接著再檢查一遍畫面上並沒有任何一個使用者（請見圖 2-8）。

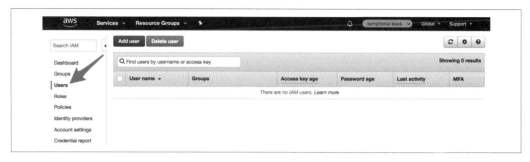

圖 2-8　IAM 使用者清單

請點選新增使用者（Add user），給予使用者名稱，接著選擇程式設計方式存取
（Programmatic access）和 *AWS Management Console* 存取（AWS Management Console access）。再來點選自訂密碼（Custom password）並自行輸入新密碼——這個密碼是新使用者用來登入 AWS 管理主控台的。取消選擇需要密碼重設（Password reset），再點選下一個：許可（Next: Permissions）（請見圖 2-9）。

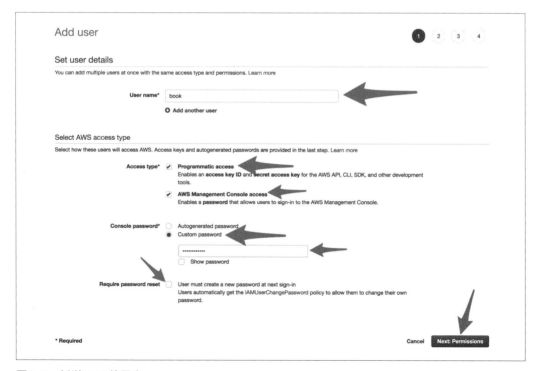

圖 2-9　新增 IAM 使用者

在下一個畫面，選擇**直接連接現有政策**（Attach existing policies directly），然後選擇**管理員訪問權限**（Administrator Access）（請見圖 2-10）。為了學習 Lambda，讓使用者擁有所有權限將使我們更加輕鬆。但對於正式的產品帳戶，您不應該這樣做。

圖 2-10　新增 IAM 使用者許可

點擊**下一個：標籤**（Next: Tags），然後再點擊畫面上的**下一個：檢閱**（Next: Review）。

在下一個畫面上，檢查詳細資訊是否與我們剛剛描述的內容相對應，然後點擊**建立使用者**（Create user）。

在最後一個畫面上，您將獲得新使用者的程序安全憑證！在憑證顯示後，需要將存取金鑰 ID 和私密存取金鑰好好保管。可以用您習慣的方法保存，或下載提供的 CSV 檔案。最後點擊**關閉**（Close）。

如果您已經有一個 IAM 使用者，但是沒有設定憑證，或者您遺失了剛創建的帳戶的憑證，請返回 IAM 控制台中的使用者清單並選擇該使用者，然後點選**安全登入資料標籤**

（Security credentials）。您將可以從此處創建新的存取金鑰（以及相關的存取金鑰 ID、
私密存取金鑰）。

配置 AWS CLI

現在該配置 CLI 了。在終端機執行 **aws configure**，對於前兩個欄位（field），貼上從上
一段落複製的值（存取金鑰 ID 和私密存取金鑰）。對於您預設的區域名稱，輸入與您
選擇的 AWS 區域相對應的區域代碼。您會在管理控制台的下拉式選單中看到區域代碼
（這些對應也可以在 AWS 文件（*https://oreil.ly/sV10t*）中找到）。由於我們已在管理控
制台中選擇了俄勒岡作為範例，因此我們將在終端上使用 us-west-2 作為範例。最後對
於預設輸出格式，輸入 **json**。

> 如果您已經在 CLI 中配置了其他 AWS 帳戶，並想為本書新增一個新帳
> 戶，則需要創建其他設定檔；否則，以上說明將替換您現有的憑證。
> 使用 aws configure 的 --profile 指令，查看配置方法，並在 AWS 文件
> （*https://oreil.ly/Aj5y5*）中查看更多詳細資訊。

為了確認您輸入的資料，請再次執行 **aws configure**，您會看到類似下方的輸出文字：

```
$ aws configure
AWS Access Key ID [********************]:
AWS Secret Access Key [********************]:
Default region name [us-west-2]:
Default output format [json]:
```

或者您可以透過 **aws iam get-user** 命令快速驗證您的 AWS 設定檔，這將產生以下結
果，其中使用者名稱是正確的 IAM 使用者的名稱：

```
$ aws iam get-user
{
  "User": {
    "Path": "/",
    "UserName": "book",
    "UserId": "AIDA111111111111111111",
    "Arn": "arn:aws:iam::181111111111:user/book",
    "CreateDate": "2019-10-21T20:27:05Z"
  }
}
```

如果您需要更多協助，請參閱文件（*https://oreil.ly/JMtUt*）。

Java 設定

現在您已經有了本地 AWS 環境,該開始使用 Java 進行設置了。

Java 版本和 AWS Lambda

在編寫本書時,AWS Lambda 唯一支持的 Java 執行時間是 Java 8。因此,我們使用 Java 8 執行時間和 SDK 開發本書所有的程式碼範例。

就在我們完成最終編輯時,AWS 宣布了 Lambda 開始支持 Java 11。由於此宣告是在我們快要完成本書時,所以我們沒有機會執行和 Java 11 有關的任何更改。

就我們初步的了解,Java 11 相較於 Java 8 並沒有突破性的改變。這代表如果您選擇 Java 11 執行時間,那麼書中的內容依然正確,也仍然適用。另外這也代表您能夠切換使用 Java 9、10 和 11,並使用這些版本的新功能。

當我們了解有關 Java 11 Lambda 執行時間的更多資訊時,我們將更新部落格(*https://blog.symphonia.io*),所以請登入查看新的內容。

AWS Lambda 支援 Java 8 和 Java 11,強烈建議您在本地端安裝和 Lambda 上相同版本的 Java 標準版開發套件(Java SE Development Kit)。若您的程式碼使用不同版本的 Java,也請別擔心,因為大多數作業系統都支援安裝多個 Java 版本。

以下幾個 Java 發行版本提供您選擇並進行安裝:

- 一種是 AWS 自行開發的 Java 發行版 ——Corretto。Corretto 是「免費的、跨平台的、可立即上線的開源 Java 開發套件(Open Java Development Kit,OpenJDK)發行版。」請參考適用於 Java 8 版本的「什麼是 Amazon Corretto 8?」(*https://oreil.ly/9AYfs*)或「什麼是 Amazon Corretto 11?」(*https://oreil.ly/SB2-J*)了解安裝 Corretto 的 Java 11 版本的詳細資訊。

- 另一個選擇是 Oracle 自己的發行版(*https://oreil.ly/WnBD8*);但是,許可注意事項可能是您使用上的一個問題。

目前,對於 Lambda 開發人員來說,這兩個選擇之間的差異主要是法律而非技術上的選擇。因此如果有任何的疑慮,我們建議 Lambda 開發人員要選擇 Corretto Java SDK。但是，AWS 目前不是所有使用 Java 的環境都是使用 Corretto，我們期待 AWS 做版本上的遷移。

要驗證您安裝的 Java 環境，請在終端機執行 **java -version**，您會看到類似下列的文字：

```
$ java -version
openjdk version "1.8.0_232"
OpenJDK Runtime Environment Corretto-8.232.09.1 (build 1.8.0_232-b09)
OpenJDK 64-Bit Server VM Corretto-8.232.09.1 (build 25.232-b09, mixed mode)
```

精確的 Java 建構（build）版本並不重要（儘管始終保持最新狀態，安裝安全補丁是正確的選擇），擁有正確的基本版本更為重要。

我們還使用 Maven（建立和打包工具）。如果您已經安裝了 Maven，請確保版本是最新的。如果您尚未安裝 Maven，同時也是 Mac 的使用者，那麼我們建議您使用 Homebrew 進行安裝，請執行 brew install maven。或者請參閱 Maven 主頁（*https://maven.apache.org*）的安裝說明。

打開終端機並執行 **mvn -v**，以驗證您的環境，您應該可以看到一些類似於下方的輸出文字：

```
$ mvn -v
Apache Maven 3.6.0 (97c98ec64a1fdfee77...
Maven home: /usr/local/Cellar/maven/3.6.0/libexec
Java version: 1.8.0_232, vendor: Amazon.com Inc., runtime: /Library/Java...
Default locale: en_US, platform encoding: UTF-8
OS name: "mac os x", version: "10.14.6", arch: "x86_64", family: "mac"
```

只要是任何的 3.X 版本的 Maven 皆符合本書的需求。

最後您可以舒服地使用 Maven 在選擇的開發編輯器中創建 Java 專案。我們選擇免費版本的 IntelliJ IDEA（*https://oreil.ly/RWtqv*），但您也可以隨意選擇想要的編輯器。

AWS SAM CLI 安裝

您需要安裝的最後一個工具是 AWS 無伺服器應用程式模型命令列介面（AWS Serverless Application Model Command Line Interface，AWS SAM CLI）。SAM 代表無伺服器應用程式模型，我們稍後將在第 74 頁的「CloudFormation 和無伺服器應用程式模型」中進行探討。現在，您只需要知道一般 CLI 上有 SAM CLI 層級即可，並且它能為我們提供一些有用的額外工具。

要安裝 SAM，請參閱綜合說明（*https://oreil.ly/slxxA*）。如果您想要趕快進行下一步，可以跳過涉及 Docker 組件的文件，因為我們不會使用 Docker 相關組件，至少在最初不會使用！

> 我們使用了 2019 年底引入的 SAM CLI 的某些功能，因此如果您使用的是較早的版本，請確保有將其更新。

Lambda Hello World（正確版）

準備好我們的開發環境後，就該創造和部署用 Java 編寫的 Lambda 函式了。

創建您的第一個 Java Lambda 專案

在以自動化方式建立和部署 Lambda 函式時，需要一些「樣板程式碼」。在使用本書來學習的過程中，您將經歷許多複雜的難題，但為了讓您快速起步並執行，我們建立了一個範本。

首先，轉到終端機並運行以下命令：

```
$ sam init --location gh:symphoniacloud/sam-init-HelloWorldLambdaJava
```

這將會向您要求一個 project_name 值，但現在只要按下確定並使用預設的即可。

這指令會生成一個專案目錄，到這目錄底下會看到以下的檔案：

README.md
    說明如何建立和部署專案

pom.xml
    一個 Maven 專案檔案

template.yaml
    一個 SAM 範本檔案——用來部署專案到 AWS 上

src/main/java/book/HelloWorld.java
    Lambda 函式的原始碼

現在請用選擇的 IDE ／編輯器打開專案。如果您使用的是 Jetbrains IntelliJ IDEA，可以使用以下指令執行：

```
$ idea pom.xml
```

如果需要，在 *pom.xml* 內更改 **<groupId>** 以符合您的需要。

現在請看一下範例 2-1，也就是 *src/main/java/book/HelloWorld.java* 檔案的內容。

範例 *2-1　Hello World Lambda*（使用 *Java*）

```
package book;

public class HelloWorld {
  public String handler(String s) {
    return "Hello, " + s;
  }
}
```

整個 Java Lambda 函式就只有這個類別。很小，不是嗎？不必太擔心為什麼只有這樣而已；我們很快就會將它們連結在一起。現在讓我們建立 Lambda 部署 artifact。

建立 Hello World

我們透過上傳 ZIP 檔案將程式碼部署到 Lambda 平台，或者我們也可以部署 JAR 檔案（JAR 只是具有某些嵌入的元資料（metadata）的 ZIP）。不過現在，我們將創建一個 *uberjar*——也是一種 JAR，其中包含我們所有的程式碼，以及我們所需要但不存在我們將要執行的 JVM 環境上的相依類別路徑（classpath）。

您剛剛創建的範本專案已經設置好，而且足以為您創建一個 uberjar。現在我們將不會檢查其中的內容，因為在第四章中，我們將深入探討一種更好的生成 Lambda ZIP 檔案的方法（第 67 頁的「組成 ZIP 檔案」）。

要建立 JAR 檔案，要在您專案的工作目錄中執行 **mvn package**。如果成功的話，會在終端機顯示如下的文字訊息：

```
[INFO] ------------------------------------------------------------------------
[INFO] BUILD SUCCESS
[INFO] ------------------------------------------------------------------------
```

它應該成功創建了我們的 uberjar。執行 **jar tf target/lambda.jar** 以列出 JAR 檔案的內容，輸出應該包括 book/HelloWorld.class，也就是我們嵌入在 artifact 中應用程式的程式碼。

創建 Lambda 函式

稍早在本章中，我們引導您透過管理控制台創建 Lambda 函式。現在我們將在終端機上做相同的操作，而這次是透過 sam 的另外兩個命令達成。

但是，在執行此操作之前，我們需要在 AWS 服務 *S3* 中創建或指定一個**暫存儲存貯體**（staging bucket），我們可以在其中儲存暫時被建立的 artifact。如果您按照 AWS 指導安裝 SAM CLI，並且知道當前的 AWS 帳戶中有一個可用的儲存貯體，請隨意使用。除此之外，您可以透過以下指令創建一個儲存貯體，利用自行創建的名稱取代 bucketname。請注意，在所有的 AWS 帳戶中，S3 儲存貯體名稱必須要是獨特、唯一的，因此可能需要多嘗試幾次，才能得到可以使用的名稱：

```
$ aws s3 mb s3://bucketname
```

成功完成以上操作後，請記下該存貯體名稱——我們將在本書的後續部分經常使用它，並用 $CF_BUCKET 作為其參考。

> 不論什麼地方見到 $CF_BUCKET，從現在開始，都用您創立的儲存貯體名稱取代。為什麼使用 CF 當開頭縮寫？因為 CF 代表 *CloudFormation*，我們將在第四章中解釋。

另外，如果您精通 Shell 指令碼（shell script），請將此儲存貯體名稱分配給名為 CF_BUCKET 的 shell 變數，就可以用 $CF_BUCKET 引用儲存貯體名稱了。

當 S3 儲存貯體準備好了，我們就可以創立我們的 Lambda 函式了，請執行以下指令（在執行完 **mvn package** 後）：

```
$ sam deploy \
  --s3-bucket $CF_BUCKET \
  --stack-name HelloWorldLambdaJava \
  --capabilities CAPABILITY_IAM
```

再說一次，現在不必太擔心這一切意味著什麼，我們將在後面解釋。如果此指令正常運行，則終端機輸出會以底下內容結尾（儘管這會根據您所在的區域而有所不同）：

```
Successfully created/updated stack—HelloWorldLambdaJava in us-west-2
```

這表示您的函式已經部署完成,而且隨時可以執行,那我們開始吧!

執行 Lambda 函式

返回到 Lambda 管理控制台中的函式清單,現在您應該會看到列出的兩個函式:原始的 HelloWorld 函式和名稱有點相似 HelloWorldLambdaJava-HelloWorldLambda-YF5M2KZHXZF5 的函式。如果看不到新的 Java 函式,請確保您在管理控制台選擇的區域,和終端機上設定的一致。

點擊進入新函式,然後查看配置畫面。您會看到原始程式碼無法再被讀取了,因為該函式是使用已編譯的 artifact 創建的。

要測試此函式,我們需要創建一個新的測試事件。再次點擊測試(Test),然後在設定測試事件(Configure test event)畫面(圖 2-11)上,指定事件名稱為 HelloWorldJavaEvent。在實際事件內容部分中,輸入以下內容:

```
"Java World!"
```

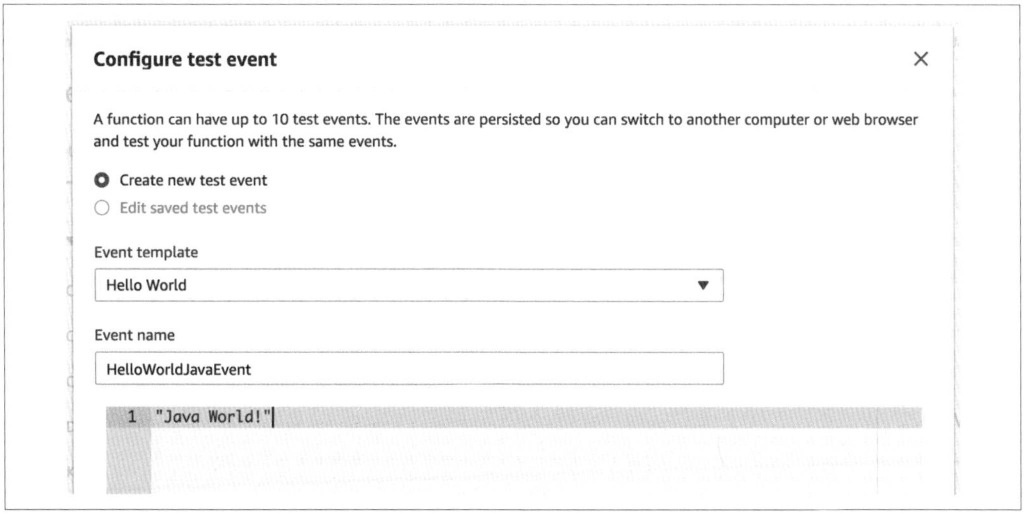

圖 2-11　為 Java Lambda 函式設定測試事件

點擊建立(Create)以儲存測試事件。

這將帶您回到 Lambda 主畫面，並選擇新的測試事件（如果不是，請手動選擇）。點擊測試（Test），您的 Lambda 函式將被執行！（請見圖 2-12）。

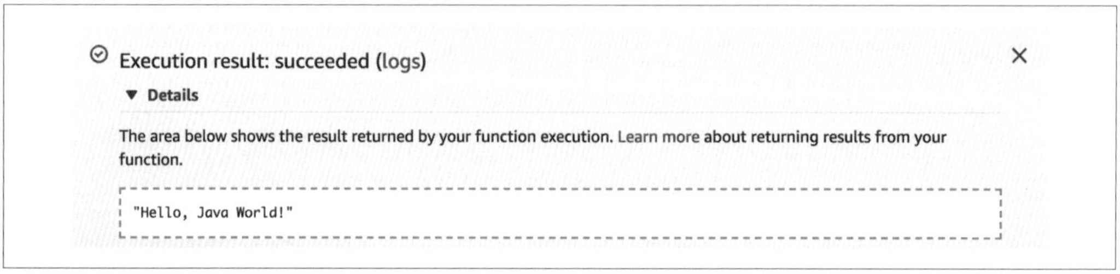

圖 2-12　Java Hello World 結果

清理資源

本書中，幾乎每個範例都將使用 CloudFormation 部署 —— 直接或間接使用 SAM 進行部署。我們將在第四章中詳細討論 CloudFormation（第 74 頁的「CloudFormation 和無伺服器應用程式模型」），但是我們現在要討論的一個重要的議題是如何清理範例所使用到的資源。

運行 `sam deploy` 時，它會創建或更新 CloudFormation 堆疊（*Stack*）—— 一組具有名稱的資源，您已經透過 `sam deploy` 的 `--stack-name` 參數看到了該名稱。

如果您想在嘗試範例後清空所使用的 AWS 資源，最簡單的方法是在 AWS 管理主控台（位於 CloudFormation 部分）中找到相應的 CloudFormation 堆疊，然後使用刪除（Delete）按鈕刪除堆疊。

或者您可以透過執行命令來清除具有指定名稱的堆疊。例如要清理 `HelloWorldLambdaJava` 堆疊，請運行以下命令：

```
$ aws cloudformation delete-stack --stack-name HelloWorldLambdaJava
```

我們唯一不使用 CloudFormation 的範例是本章前面的第一個範例，也就是 `HelloWorld` JavaScript 函式，此函式可以使用 AWS 管理控制台的 Lambda 將其刪除。

總結

在本章中，您學習到如何登錄到 AWS 管理控制台並選擇一個區域。然後您透過管理控制台創建並執行了第一個 Lambda 函式。

您還學會了設置 AWS CLI、Java、Maven 和 AWS SAM CLI 為 Lambda 準備本地開發環境，並在開發環境中創建一個專案，使用 Amazon 的 SAM 工具將其部署上 AWS，學習了如何用 Java 開發 Lambda 函式的基礎知識。最後您了解了如何使用管理控制台的測試事件機制，模擬事件對 Lambda 函式做簡單的測試。

在下一章節，我們將開始研究 Lambda 的工作原理，以及這些原理如何影響編寫 Lambda 程式碼的方式。

練習題

1. 如果您尚未逐步地仔細閱讀本章說明，那麼現在值得這樣做，因為這是驗證環境的好方法。

2. 在 `sam deploy` 時，透過使用不同 `stack-name` 的值和稍有不同的程式碼創建新版本的 Java Lambda 函式。請注意如何在管理控制台中選擇這些函式。

第三章

編寫 AWS Lambda 函式

本章將探討建立 Lambda 函式的方法，如何設定它們的架構、如何配置它們執行時的方式以及如何指定環境配置。您將了解這些主題，透過檢查 Lambda 執行環境的核心概念，輸入和輸出、逾時、RAM 和 CPU，以及最後 Lambda 如何使用環境變數（environment variables）進行應用程式配置。

首先，讓我們看一下 Lambda 函式的執行方式。拿起您的登山鞋，是時候探索了。

核心概念：執行時間模型、叫用

在第二章，您創建了一個 Java 類別，並將其上傳到「雲」上的 Lambda 服務中，而且程式碼神奇地可以被執行。但是在這之前，您還需要考慮作業系統、容器、啟動腳本、如何將程式碼部署到實際主機或 JVM 設置等繁雜的問題，甚至在剛剛的範例中，您也沒有碰到任何像是「伺服器」的東西，那麼您的程式碼是如何執行的呢？

為了更深入了解，您必須先學會 Lambda 執行環境的基礎知識，如圖 3-1 所示。

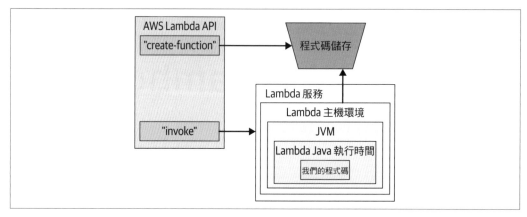

圖 3-1　Lambda 執行環境

Lambda 執行環境

正如我們在第二章中提到的（請見第 27 頁的「安裝 AWS CLI」）一樣，AWS 管理和操作函式（分別稱為控制層（control plane）和數據層（data plane））都廣泛使用了 API。Lambda 沒什麼不同，它提供了用於函式管理和函式執行的 API。

每當 AWS Lambda API 的 invoke 命令被呼叫時，一個函式會被執行，或者說被叫用（invoke）。在以下時間點發生：

- 一個函式被一個資料來源驅動

- 當您使用管理控制台的測試機制

- 當您呼叫 Lambda API 時，通常是透過 CLI 或 SDK 從程式碼或腳本叫用命令 invoke

首次叫用函式將啟動以下活動鏈（Chain of activity），這些活動將在您的程式碼被執行時結束。

首先，Lambda 服務將創建一個 Linux 主機環境——輕量級的微虛擬機器。一般來說，您不必擔心它是什麼類型的環境（哪個內核（kernel），什麼發行版本等）和其確切性質，但是如果真的需要了解的話，Amazon 會將該訊息公開。但不要認為 AWS 提供的環境不會改變，Amazon 經常更改 Lambda 的作業系統，不過通常是為了使用者的利益，像是更新安全補丁。

創建主機環境後，Lambda 將在其中啟動語言執行時間，在此範例中是指 Java 虛擬機器（JVM），而 JVM 版本可能是我們建議的 Java 8 或 Java 11，會根據您剛剛所做的選擇而不同；再來，您將提供 Lambda 和所選擇的 Java 版本相容的程式碼；最後，JVM 啟動時會有一組我們無法變更的環境標誌。

在編寫程式碼時，您可能已經注意到沒有「main」方法，那是因為此方法位於更高層級的 Java 應用程式內。而這個高層級 Java 應用程式是一個 Amazon 自己的 Java 應用程式伺服器，我們將其稱為 Lambda Java 執行時間（Lambda Java Runtime），這是下一個要啟動的組件，運行時負責進階的錯誤（Error）處理、日誌紀錄（logging）等。

當然，Lambda Java 執行時間的主要關注點是執行我們的程式碼。叫用鏈的最後一步是（a）載入我們的 Java 類別，以及（b）呼叫我們在部署期間指定的處理常式方法。

叫用類型

很好，我們的程式碼活過來了！那接下來會發生什麼事呢？

為了對此進行深入討論，讓我們開始使用 AWS CLI。在第二章中，我們使用了更高級別的 SAM CLI 工具，這讓 AWS CLI 操作 AWS 機器更容易了些。具體來說，我們就透過以下命令來呼叫 Lambda 函式：**aws lambda invoke**。

假設您已經執行了第二章中的所有範例，讓我們從一個小更新開始。打開 *template.yaml* 檔案（從現在開始有時將其稱作 *SAM 範本*），然後在屬性（property）部分中，添加一個名為 FunctionName 的新屬性，其值為 HelloWorldJava，因此資源部分如下所示：

```
HelloWorldLambda:
  Type: AWS::Serverless::Function
  Properties:
    FunctionName: HelloWorldJava
    Runtime: java8
    MemorySize: 512
    Handler: book.HelloWorld::handler
    CodeUri: target/lambda.jar
```

再次執行位於第二章的指令 **sam deploy**，幾分鐘後即可完成。如果您返回 Lambda 控制台，會看到奇怪命名的 Java 函式現已重新命名為 HelloWorldJava。在大多數實際使用的情況下，我們喜歡使用 AWS 提供的生成名稱，但是在學習 Lambda 的時候，能夠使用簡潔的名稱引用函式的話會更好。

要取代 Java 8 改而使用 Java 11 運行，只需要將 SAM 範本中的 `Runtime:` 屬性從 `java8` 更改為 `java11`。

讓我們回到終端機，在終端機執行以下指令：

```
$ aws lambda invoke \
  --invocation-type RequestResponse \
  --function-name HelloWorldJava \
  --payload \"world\" outputfile.txt
  --cli-binary-format raw-in-base64-out
```

應該會有以下的文字輸出：

```
{
  "StatusCode": 200,
  "ExecutedVersion": "$LATEST"
}
```

您可以得知一切 OK，因為 StatusCode 是 200。

您也可以看到 Lambda 函式執行後回傳的結果，如下：

```
$ cat outputfile.txt && echo
"Hello, world"
```

如上一段落所述，當我們執行 invoke 命令時，首先實體化了 Lambda 函式。完成實體化後，接著 JVM 內的 Lambda Java 執行時間會用 payload 內的參數呼叫 Lambda 函式，這次的情況是字串「world」。

程式碼便會被執行，作為提醒，內容如下：

```
public String handler(String s) {
  return "Hello, " + s;
}
```

將我們的輸入（world）處理過後，回傳「Hello, world」。

這裡有個微妙的重點在於，每當我們呼叫 invoke，我們是特指 --invocation-type RequestResponse，這表示我們同步地呼叫這個函式（也就是說，Lambda 執行時間呼叫我們的程式碼並等待回應）。我們在第 13 頁的「Lambda 的應用程式長怎樣？」中對此進行了解釋。同步行為對於像是 Web API 之類的使用案例很有用。

由於我們同步地呼叫這個函式，Lambda 執行時間才能將回應回傳到我們的終端機上，並儲存於 *outputfile.txt*。

現在我們改變叫用的方式如下：

```
$ aws lambda invoke \
  --invocation-type Event \
  --function-name HelloWorldJava \
  --payload \"world\" outputfile.txt
```

請注意，我們已將 --invocation-type 標誌更改為 Event。結果如下：

```
{
  "StatusCode": 202
}
```

StatusCode 是 202，而不是 200。202 表示接受（Accepted）HTTP 術語。如果查看 *outputfile.txt*，您會發現它是空的。

這一次我們非同步地呼叫這個函式，Lambda 執行時間使用和同步叫用一樣的方式呼叫我們的程式碼，但是它不等待或使用我們程式碼所回傳的值，也就是我們程式碼返回的值被丟棄了。使用非同步執行的要點是，我們可以對某些其他函式或服務執行「副作用」。在第 13 頁的「Lambda 的應用程式長怎樣？」的非同步範例中，副作用是將新的、調整大小的照片版本上傳到 Amazon 的 S3 服務。

當您開始使用 Lambda，會發現大多的 Lambda 函式類別都是非同步叫用，由於 Lambda 是事件驅動平台（event-driven platform）。我們將在第 86 頁的「Lambda 事件來源」一節進行探討。

在前兩個範例中，我們使用了相同的程式碼，但是如果您知道其 Lambda 函式永遠不會被同步地叫用，就不需要返回值，則該方法就可以使用 void 返回類型。讓我們來看一個例子。

首先，函式的方法調整成以下內容：

```
public void handler(String s) {
  System.out.println("Hello, " + s);
}
```

請注意，我們將回傳型別改成了 void，並使用 System.out 輸出訊息。

現在，我們需要重建並重新部署我們的程式碼。為此，請執行和第二章相同的兩個指令：

- `mvn package`

- `sam deploy...`

其中…請參考您之前使用的相同參數。您將經常執行這些指令，所以您可以將這些指令放在腳本中，供後續使用。

現在使用 Event 叫用方式再次叫用這個程式碼，這一次您應該會收到一樣的「`"StatusCode":202`」回應，但是 System.out 的輸出訊息呢？為了了解這點，我們將快速瀏覽日誌紀錄。

 現在您對 mvn、sam 和 aws 指令已經有足夠的了解，可以運行本章中的其餘範例。如果感覺狀態詭異，如程式碼運作不正常，請轉到 AWS 管理控制台中的 *CloudFormation* 刪除 HelloWorldLambdaJava 堆疊，然後再次進行部署。

日誌介紹

Lambda 執行時間會捕獲我們函式寫入的內容，不論是標準輸出或標準錯誤處理流程的所有內容。用 Java 的話來說，也就是 System.out 和 System.err 方法。Lambda 執行時間捕獲到這些資料後，會將其發送到 CloudWatch Logs。如果您尚不熟悉 AWS，則需要前往 AWS 文件以獲取說明！

CloudWatch Logs 由一些組件組成，首要的是日誌捕獲服務。它便宜、可靠、易於使用，並且可以處理任何規模、任何丟給它的日誌。

一旦 CloudWatch Logs 獲取了日誌訊息，可以透過多種方式查看或處理它們。最簡單的方法是在 AWS 管理控制台中使用 CloudWatch Logs 日誌查看器。

有很多種方式來達到，但目前先打開您的 AWS 管理控制台中的 Lambda 函式頁面（如同第 37 頁的「執行 Lambda 函式」所示）。如果使用者點擊位於那頁的監控（Monitoring）標籤，您應該可以看到*檢視 CloudWatch 中的日誌*（View logs in CloudWatch）按鈕，點擊它，如同圖 3-2 所示。

Lambda > Functions > HelloWorldJava
ARN - arn:aws:lambda:us-west-2:[redacted]:function:HelloWorldJava
Hello...
Throttle
Qualifiers ▼
Actions ▼
HelloWorldJavaEvent ▼
Test
Save
Configuration
Monitoring
1
2
CloudWatch metrics at a glance
View logs in CloudWatch
View traces in X-Ray

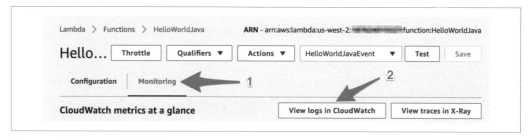

圖 3-2 存取 Lambda 日誌紀錄

接下來看到的內容將在某種程度上取決於 CloudWatch 控制台的工作方式，但是如果您尚未看到日誌輸出，請點擊**搜索日誌群組**（Search Log Group）按鈕並向下滾動到最新的紀錄行。然後您應該能夠看到如圖 3-3 所示的內容。

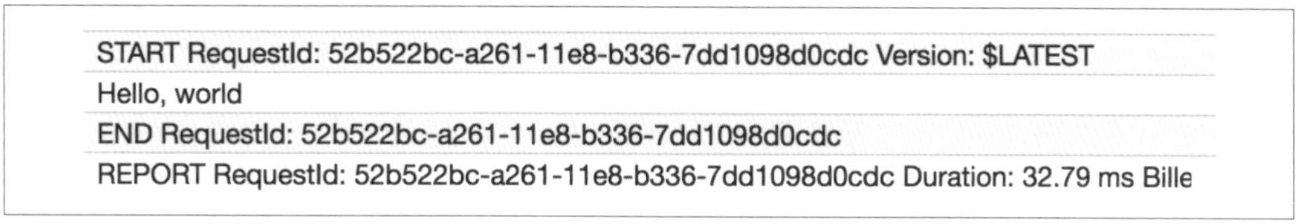

START RequestId: 52b522bc-a261-11e8-b336-7dd1098d0cdc Version: $LATEST
Hello, world
END RequestId: 52b522bc-a261-11e8-b336-7dd1098d0cdc
REPORT RequestId: 52b522bc-a261-11e8-b336-7dd1098d0cdc Duration: 32.79 ms Bille

圖 3-3 Lambda 日誌紀錄

請注意，第二行輸出是我們在 Lambda 函式內所寫的。

然而，沒有一個自負的 Java 程式設計師會使用 `System.out.println` 進行正式日誌紀錄，因為日誌紀錄框架提供了更大的靈活性並可以控制日誌紀錄行為。我們將在第 161 頁的「日誌紀錄」中詳細探討如何實踐日誌紀錄。

輸入、輸出

執行 Lambda 函式時，會傳遞一個輸入參數，稱為**事件**（event）。在 Lambda 執行環境中，此事件會是一個 JSON 值，到目前為止在我們的範例中所手作的字串，皆是有效的 JSON。

在實際使用案例中，Lambda 函式的輸入將是一個 JSON 物件（object），該物件表示來自其他組件或系統的事件。例如它可以表示 HTTP 請求的詳細資訊，或者表示上傳到 S3 儲存服務的圖像和元資料。再次說明，在本書的後面，我們將詳細討論如何關聯事件來源與 Lambda 函式，請見第 86 頁的「Lambda 事件來源」。

我們在測試事件中創建的 JSON 或來自事件來源的 JSON 會傳給 Lambda Java 執行時間。在大多數使用情況下，Lambda Java 執行時間會為我們自動地**反序列化**（deserialize）此 JSON 負載（load），並且為我們提供了幾種指導方法，而這些方法稍後將會介紹。

如上一段落所述，當我們同步地叫用一個函式時，程式碼會返回一個有用的值給執行時間環境，而 Lambda Java 執行時間自動地將此值**序列化**（serialize）為 JSON，並返回給我們。

Java 執行時間如何執行此序列化和反序列化取決於我們在函式簽名中指定的類型，因此是時候讓我們深入研究 Lambda 有效的函式方法簽名了。

Lambda 函式方法簽名

Java Lambda 有以下四種有效的方法簽名（signatures）：

- *output-type handler-name* (*input-type* input)
- *output-type handler-name* (*input-type* input, Context context)
- void *handler-name* (InputStream is, OutputStream os)
- void *handler-name* (InputStream is, OutputStream os, Context context)

其中：

- *output-type* 可以是 void、Java 原始型別（primitive），或是可序列化 JSON 類型。
- *input-type* 是 Java 原始型別，或是可序列化 JSON 類型。
- Context 是指 com.amazonaws.services.lambda.runtime.Context（我們會在本章後續描述更多）。
- InputStream 和 OutputStream 是指在 java.io 的套件（package）內類型名稱。
- *handler-name* 可以是任何有效的 Java 方法名稱，我們會在應用程式的配置中將其引用。

Java Lambda 方法是實體（instance）方法，也可以是靜態（static）方法，但必須是公開（public）。

另外，Lambda 函式的類別不能是抽象的（abstract），並且必須具有無引數（no-argument）建構子（constructor），也就是預設的建構子（即未指定建構子）或明確的無引數建構子。我們根本不考慮使用建構子的主要原因，是為了讓 Lambda 可以在請求和請求之間使用快取（cache），這是一個進階主題，我們將在本書的後面部分進行介紹——請見第 218 頁的「快取」。

除了這些限制，Java Lambda 函式沒有靜態類型要求。不需要實現任何介面（interfaces）或基本類別，儘管您可以根據需求實現。如果您想非常明確地了解 Lambda 類別的類型，則 AWS 提供了 RequestHandler 介面，但是我們從未使用此介面。此外，如果您有意擴展自己的類別，可以遵循建構子規則，但同樣地我們發現這功能很少被使用。

您可能在一個類別中用不同的名稱定義了多個 Lambda 函式，通常我們不建議這樣的編排風格，因為兩個不同的 Lambda 函式永遠不會在同一個執行環境中運行。我們發現當我們將每個函式對應的程式碼徹底分開時，後續對於工程師而言，程式碼將變得更清晰易懂。

Lambda 函式與其他一些應用程式框架相比很簡單。前面列出的前兩個簽名是 Java Lambda 最常見的簽名，接下來我們將介紹它們。

配置 SAM 範本中的處理常式

到目前為止，我們只有對 SAM 範本檔案——*template.yaml*——進行了一次更改，以更改函式的名稱。在進一步介紹之前，我們需要查看該檔案中的另一個屬性：Handler。

打開 *template.yaml* 檔案，您將會看到 Handler 現在被設定成 book.HelloWorld::handler。這代表的意思是目前有此設定的 Lambda 函式，將透過 Lambda 平台嘗試尋找位於 book 套件中的 HelloWorld 類別的 handler 方法。

如果在叫做 old.macdonald.farm 的套件中創造一個叫做 Cow 的新類別，並且有一個稱作 moomoo 的方法，也就是您的 Lambda 函式，則應將 Handler 設置為 old.macdonald.farm. Cow::moomoo。

有了這些資訊，您已經準備好創建新的 Lambda 處理常式了！

基本類型

範例 3-1 表示一個類別有三個不同的 Lambda 處理常式函式（是的，我們剛才說過，我們不傾向於在每個類別中實際使用多個 Lambda 函式，但為了方便學習，我們在此使用！）。

範例 3-1　基本類型的序列化和反序列化

```java
package book;

public class StringIntegerBooleanLambda {
  public void handlerString(String s) {
    System.out.println("Hello, " + s);
  }

  public boolean handlerBoolean(boolean input) {
    return !input;
  }

  public boolean handlerInt(int input) {
    return input > 100;
  }
}
```

要測試此程式碼的話，請將新類別 StringIntegerBooleanLambda 添加到您的 Lambda 函式程式碼中，更改 *template.yaml* 檔案中的 Handler（更改為 book.StringIntegerBooleanLambda::handlerString），然後執行您的程式碼套件和部署命令。

第一個函式和我們前個段落所敘述的一樣，我們可以使用 JSON 物件「world」叫用此方法來進行測試，並且由於該方法具有 void 返回類型，因此該方法適用於非同步使用。

 從這裡開始您應該假設，當我們在範例中說要叫用一個函式時，表示您應該同步叫用它，除非另有說明。您可以在從終端機叫用時使用 --invocation-type RequestResponse 標誌來執行此操作，也可以使用 AWS 管理控制台中的 *Test* 功能來執行此操作。

第二個函式可以使用布林值（Boolean）叫用（任何 JSON 值 true、false、"true" 或 "false"），並且該函式還將返回一個 Boolean，在這個案例為輸入的相反值。

最後一個函式需要整數（integer）作為輸入（JSON 整數或 JSON 字串中的數字，例如 5 或 "5"），然後返回一個 Boolean。

在第二個和第三個範例中，我們使用的是原始型別，但是您可以根據需要使用封裝型別（boxed types）。例如如果需要，可以自由地使用 java.lang.Integer 而不是原始的 int。

在所有這些情況下，Lambda Java 執行時間代表我們將 JSON 輸入反序列化為各種型別。如果無法將傳遞的事件反序列化為指定的參數類型，則會失敗，並顯示以下消息：

```
An error occurred during JSON parsing: java.lang.RuntimeException
```

字串（String）、Integer 和 Boolean 是唯一明確記錄為被支援的基本型別，但是透過一些實驗，我們看到還包括其他基本型別，例如倍精度浮點數（double）和浮點數（float）。

Lists 和 Maps

JSON 還包括陣列（array）和物件 / 屬性（請見範例 3-2）。Lambda Java 執行時間將自動地分別將它們反序列化為 Java List 和 Map，還將序列化 List 和 Map 變成 JSON array 和 object 再輸出返回。

範例 3-2　List 和 Map 的序列化和反序列化

```java
package book;

import java.util.ArrayList;
import java.util.HashMap;
import java.util.List;
import java.util.Map;
import java.util.stream.IntStream;

public class ListMapLambda {
  public List<Integer> handlerList(List<Integer> input) {
    List<Integer> newList = new ArrayList<>();
    input.forEach(x -> newList.add(100 + x));
    return newList;
  }

  public Map<String,String> handlerMap(Map<String,String> input) {
    Map<String, String> newMap = new HashMap<>();
    input.forEach((k, v) -> newMap.put("New Map -> " + k, v));
    return newMap;
  }

  public Map<String,Map<String, Integer>>
    handlerNestedCollection(List<Map<String, Integer>> input) {
    Map<String, Map<String, Integer>> newMap = new HashMap<>();
    IntStream.range(0, input.size())
        .forEach(i -> newMap.put("Nested at position " + i, input.get(i)));
    return newMap;
  }
}
```

使用 JSON array [1, 2, 3] 叫用函式 handlerList()，會得到輸出 [101, 102, 103]。使用 JSON object { "a" : "x", "b" : "y"} 叫用函式 handlerMap()，會得到輸出 { "New Map → a" : "x", "New Map → b" : "y" }

此外，您也可以使用巢狀集合（nested collection）。例如使用以下 JSON 物件叫用 handlerNestedCollection()

```
[
  { "m" : 1, "n" : 2 },
  { "x" : 8, "y" : 9 }
]
```

會得到

```
{
  "Nested at position 0": { "m" : 1, "n" : 2},
  "Nested at position 1": { "x": 8, "y" : 9 }
}
```

最後，您也可以只使用 java.lang.Object 作為輸入參數的型別，儘管在正式環境中通常用處不大（除非您不關心輸入參數的值，有時候這是一種有效的用法）。但如果您不知道事件的確切格式，這型別有時在開發時會很方便，例如您可以透過 .getClass() 方法來確定參數真正的型別，再印出 .toString() 值等。不過，稍後在本章我們將向您展示一種獲取事件的 JSON 結構的更好方法。

POJO 和其生態系類型

先前的輸入類型適合非常簡單的輸入。而對於更複雜的類型，有一種更好的方法是序列化 Lambda Java 執行時間的普通 Java 物件（Plain Old Java Object，POJO），將其當作輸入、輸出使用。其中我們將在範例 3-3 用 POJO 當作輸入和輸出。

範例 3-3　POJO 的序列化和反序列化

```
package book;

public class PojoLambda {
  public PojoResponse handlerPojo(PojoInput input) {
    return new PojoResponse("Input was " + input.getA());
  }

  public static class PojoInput {
    private String a;
```

```
    public String getA() {
      return a;
    }

    public void setA(String a) {
      this.a = a;
    }
  }

  public static class PojoResponse {
    private final String b;

    PojoResponse(String b) {
      this.b = b;
    }

    public String getB() {
      return b;
    }
  }
}
```

這是一個簡單的例子，但它顯示了 POJO 序列化的實際作用。我們可以使用 { "a" : "Hello Lambda" } 來執行 Lambda，會得到輸出 { "b" : "Input was Hello Lambda" }。讓我們一起來仔細看一下程式碼。

首先，我們有處理常式函式──handlerPojo()，輸入類型為 PojoInput，這是我們定義的 POJO 類別。POJO 輸入類別可以是我們在此編寫的靜態巢狀類別（nested classes），也可以是一般（外部）類別（regular classes）。重要的是，它們需要有一個空的建構子，並且具有欄位 setters，這些 setters 遵循輸入的 JSON 反序列化的預期欄位來命名。如果找不到與 setters 同名的 JSON 欄位，則 POJO 欄位將保留為空。輸入的 POJO 物件必須是可變的，因為運行時會在實體化它們之後對其進行修改。

我們的處理常式函式透過 POJO 物件創建 PojoResponse 類別的新實體，然後將其傳遞回 Lambda 執行時間，再來 Lambda 執行時間透過反映所有 get... 方法將其序列化為 JSON。Lambda 執行時間對於 POJO 輸出類別的限制較少，因為 Lambda 執行時間並未創建或更改它們，因此您可以隨意改造它們，也可以使其不可變。與輸入類別一樣，POJO 輸出類別可以是靜態巢狀類別或一般（外部）類別。此外，您可以在輸入和輸出中混合 POJO 和我們之前討論過的集合類型（List 和 Map）。

我們之前提供的範例遵循您可以在線上看到的大多數文件規範：對屬性使用 *JavaBean* 規範。但是，如果您不想在輸入類別中使用 setter 或在輸出類別中使用 getter，則可以自由使用公開欄位（public field）。如同範例 3-4 所表示的。

範例 3-4 POJO 的序列化和反序列化替代定義方案

```
package book;

public class PojoLambda {
  public PojoResponse handlerPojo(PojoInput input) {
    return new PojoResponse("Input was " + input.c);
  }

  public static class PojoInput {
    public String c;
  }

  public static class PojoResponse {
    public final String d;

    PojoResponse(String d) {
      this.d = d;
    }
  }
}
```

我們可以用 { "c" : "Hello Lambda" } 執行這個 Lambda，並得到輸出 { "d" : "Input was Hello Lambda" }。

POJO 輸入反序列化的主要時機之一，是當 Lambda 函式綁定到任一個 AWS 生態系統的 Lambda 事件來源。以下是處理函式範例，該函式可以處理將物件上傳到 S3 儲存服務的事件：

```
public void handler(S3Event input) {
  // …
}
```

S3Event 是一種可以從 AWS 相依（dependency）程式庫中存取的類型 —— 我們將在第 114 頁的「範例：建立無伺服器資料管線」中對此進行更多討論。當然，您還是可以自由地建立自己的 POJO 類別來處理 AWS 事件。

Stream

到目前為止,我們已經介紹的輸入 / 輸出類型將對您在使用 Lambda 時帶來很大的方便和功用。但是,如果您有一個相當動態和 / 或複雜的結構而又無法或不想使用任何以前的反序列化方法,該怎麼辦?

答案是使用有效簽名列表的選項 3 或 4,將 java.io.InputStream 用作事件參數。這使您可以存取傳遞給 Lambda 函式的原始位元組。

使用 InputStream 的 Lambda 簽名有點不同,因為它始終具有 void 返回類型。如果將 InputStream 用作參數,則還必須將 java.io.OutputStream 用作第二個參數。要從此種處理常式函式得到返回結果,您需要將結果寫入 OutputStream。

範例 3-5 呈現了一個可以處理 stream 的處理常式。

範例 3-5　使用 stream 作為處理常式參數

```
package book;

import java.io.IOException;
import java.io.InputStream;
import java.io.OutputStream;

public class StreamLambda {
  public void handlerStream(InputStream inputStream, OutputStream outputStream)
    throws IOException {
    int letter;
    while((letter = inputStream.read()) != -1)
    {
      outputStream.write(Character.toUpperCase(letter));
    }
  }
}
```

要是我們輸入 "Hello World" 來執行此處理常式,結果是處理常式會將 "HELLO WORLD" 輸出寫入串流(Stream)中。

如果您想透過 InputStream 使用自己的 JSON 來執行程式碼操作,是可以做到的,但我們將其作為練習留給讀者。您還應該保持良好的 stream 編排習慣——錯誤檢查、關閉等。

有關此主題的更多訊息，請參閱有關在處理常式函式中使用 stream 的官方文件（*https:// oreil.ly/oXm39*）。

這種 Lambda 函式因為不需要知道要編寫的事件的結構，所以在開發時特別方便。範例 3-6 會將接收到的事件記錄到 CloudWatch Logs 中，以便您查看它是什麼。

範例 3-6　*記錄接收到的事件到 CloudWatch Logs*

```java
package book;

import java.io.InputStream;
import java.io.OutputStream;

public class WhatIsMyLambdaEvent {
  public void handler(InputStream is, OutputStream os) {
    java.util.Scanner s = new java.util.Scanner(is).useDelimiter("\\A");
    System.out.println(s.hasNext() ? s.next() : "No input detected");
  }
}
```

Context

到目前為止，我們的範例已經涵蓋了清單中的簽名格式 1 和 3，那 2 和 4 的範例呢？那個 Context 物件是關於什麼的？

到目前為止，在所有範例中，我們為 Lambda 處理函式所採用的唯一輸入就是發生的事件，但這不是處理常式唯一可以接受到的訊息輸入。此外，您可以在任何處理常式參數清單的末尾添加 com.amazonaws.services.lambda.runtime.Context 參數，這是一個有趣的、可以被您所使用的物件。讓我們看一下以下範例（範例 3-7）。

範例 3-7　*檢查 Context 物件*

```java
package book;

import com.amazonaws.services.lambda.runtime.Context;

import java.util.HashMap;
import java.util.Map;

public class ContextLambda {
  public Map<String,Object> handler (Object input, Context context) {
    Map<String, Object> toReturn = new HashMap<>();
    toReturn.put("getMemoryLimitInMB", context.getMemoryLimitInMB() + "");
    toReturn.put("getFunctionName",context.getFunctionName());
```

```
        toReturn.put("getFunctionVersion",context.getFunctionVersion());
        toReturn.put("getInvokedFunctionArn",context.getInvokedFunctionArn());
        toReturn.put("getAwsRequestId",context.getAwsRequestId());
        toReturn.put("getLogStreamName",context.getLogStreamName());
        toReturn.put("getLogGroupName",context.getLogGroupName());
        toReturn.put("getClientContext",context.getClientContext());
        toReturn.put("getIdentity",context.getIdentity());
        toReturn.put("getRemainingTimeInMillis",
                    context.getRemainingTimeInMillis() + "");
        return toReturn;
    }
}
```

這是第一個我們使用 Java 標準程式庫外的類型的完整範例。在下一章中,我們將更詳細地介紹相依程式庫(dependencies)和打包(packaging),但是現在,將以下部分添加到 *pom.xml* 檔案的 *root* 元素下的任意位置:

```
<dependencies>
  <dependency>
    <groupId>com.amazonaws</groupId>
    <artifactId>aws-lambda-java-core</artifactId>
    <version>1.2.0</version>
    <scope>provided</scope>
  </dependency>
</dependencies>
```

現在執行 `mvn package` 時,它將使用 AWS 提供的核心 Lambda 程式庫編譯程式碼,因此您才能夠使用 Context 介面。

Context 物件為我們提供了有關當前 Lambda 叫用的訊息,我們可以在 Lambda 事件的處理過程中使用這些訊息。當我們叫用該範例時(您可以將任何內容作為輸入事件傳入,這不會影響結果),結果將呈現以下相似的內容:

```
{
  "getFunctionName": "ContextLambda",
  "getLogStreamName": "2019/07/24/[$LATEST]0f1b111111111111111111111111111111",
  "getInvokedFunctionArn":
    "arn:aws:lambda:us-west-2:181111111111:function:ContextLambda",
  "getIdentity": {
    "identityId": "",
    "identityPoolId": ""
  },
  "getRemainingTimeInMillis": "2967",
  "getLogGroupName": "/aws/lambda/ContextLambda",
  "getLogger": {},
```

```
    "getFunctionVersion": "$LATEST",
    "getMemoryLimitInMB": "512",
    "getClientContext": null,
    "getAwsRequestId": "2108d0a2-a271-11e8-8e33-cdbf63de49d2"
}
```

若想了解不同的 Context 屬性的相關敘述，請見 AWS 文件（*https://oreil.ly/oE2hP*）。

每當您在處理特定事件期間叫用其任意欄位時，其大多數欄位將保持不變，但是 getRemainingTimeInMillis() 是一個明顯的例外。這與**逾時**有關，而我們接下來要介紹的就是逾時。

逾時

Lambda 函式的逾時時間是可配置的，您可以在創建函式時指定此逾時，也可以稍後在函式的配置中對其進行更新。

在編寫本書時，可以設置的最大逾時為 15 分鐘，這表示一次 Lambda 函式叫用可以運行的最長時間為 15 分鐘。此限制是 AWS 將來可能會改變的限制，因為 AWS 曾經這樣做過──很長一段時間以來，最大逾時時間為 5 分鐘。

到目前為止，在我們所有範例都尚未設置逾時，因此會自動使用預設值（3 秒）。這樣表示如果我們的函式在 3 秒鐘內未完成執行，則 Lambda Java 執行時間將中止它。稍後您將看到一個這樣的範例。

在上一段落，我們研究了 Context 物件，並呼叫了 context.getRemainingTimeInMillis() 讓您得知，在函式執行終止之前，目前還剩下多少執行時間，每一次呼叫將提供更新的持續時間（Duration）。如果您要編寫一個壽命較長的 Lambda 並想在發生逾時之前保存任何狀態，則此功能可以提供有用的資訊。

您可能會問一個問題──為什麼不總是將逾時配置為最大的 900 秒？正如我們將在下一節中進一步探討的，Lambda 成本主要取決於函式的執行時間，如果您的函式最多只能運行 10 秒，那麼您不會希望每次叫用都花費 90 倍的時間，因為這將被收取 90 倍的費用。

逾時不包括實體化我們的函式的時間，換句話說，逾時時間在函式**冷啟動**（cold start）期間沒有開始。或者更確切地說，逾時僅適用於 Lambda 叫用我們的處理常式方法的時間。我們將在第 206 頁的「冷啟動」中進一步討論冷啟動。

最長 15 分鐘的逾時是 Lambda 函式的重要限制——如果您編寫的函式需要執行 15 分鐘以上，則需要將其分解為多個、精心策劃的 Lambda 函式，或者根本不使用 Lambda。

好了，理論說夠了，讓我們看看逾時的實際行為。

範例 3-8 呈現了一個 Lambda 函式，將查詢剩餘時間，然後最終因逾時而失敗。

範例 3-8　用 *Context.getRemainingTimeInMillis()* 看逾時

```
package book;

import com.amazonaws.services.lambda.runtime.Context;

public class TimeoutLambda {
  public void handler (Object input, Context context) throws InterruptedException {
    while(true) {
      Thread.sleep(100);
      System.out.println("Context.getRemainingTimeInMillis() : " +
        context.getRemainingTimeInMillis());
    }
  }
}
```

更新您的 *template.yaml* 檔案，將一個名為 `Timeout` 的新屬性添加到函式的 `Properties` 部分。將該值設置為 2，這表示該函式的逾時現在為 2 秒。另外請記得更新您的 `Handler` 屬性。

然後運行您的套件並像往常一樣部署。

如果我們使用管理控制台中的測試功能執行函式，它將會失敗，並顯示訊息「任務在 2.00 秒後逾時」（Task timed out after 2.00 seconds.）。日誌輸出如下：

```
START RequestId: 6127fe67-a406-11e8-9030-69649c02a345 Version: $LATEST
Context.getRemainingTimeInMillis() : 1857
Context.getRemainingTimeInMillis() : 1756
... Cut for brevity ...
Context.getRemainingTimeInMillis() : 252
Context.getRemainingTimeInMillis() : 152
Context.getRemainingTimeInMillis() : 51
END RequestId: 6127fe67-a406-11e8-9030-69649c02a345
REPORT RequestId: 6127fe67-a406-11e8-9030-69649c02a345   Duration: 2001.52 ms
  Billed Duration: 2000 ms    Memory Size: 512 MB   Max Memory Used: 51 MB
2019-07-24T21:22:30.076Z 444e6ae0-9217-4cd2-8568-7585ca3fafee
  Task timed out after 2.00 seconds
```

在這裡，我們可以看到 getRemainingTimeInMillis() 方法如預期被呼叫，最終該函式隨著 Lambda 逾時的發生而失敗了。

記憶體和 CPU

Lambda 函式不具有無限的 RAM，而且事實上每個函式都可以設定記憶體大小（memory-size）。該設定的預設值是 128MB，但是對於正式的 Java Lambda 函式而言是不夠的，所以您會需要主動地調整每個 Lambda 函式的 memory-size 設定。

memory-size 設定可以小到 64MB，但是由於 Java 語言的特性，其 Lambda 函式您需要調高至少到 256MB。附帶一提，memory-size 必須是 64 MB 的倍數。

您需要知道的一件非常重要的事情是，memory-size 大小設置不僅取決於函式可以使用多少 RAM——還指定了可獲得的 *CPU* 能力。實際上 Lambda 函式的 CPU 功率可以從 64MB 線性擴展到 1792MB。因此，配置有 1024MB RAM 的 Lambda 函式的 CPU 能力是 512MB RAM 的兩倍。

具有 1792MB RAM 的 Lambda 函式可獲取一個完整的虛擬 CPU 核心——若對其設置更大的 RAM，只是啟用這第二顆核心的其餘部分。這是應該要知道的，如果您的程式碼根本不是多執行緒（multithread）的，在這種情況下，對於記憶體設置高於 1792MB 的機器，您可能看不到 CPU 在效能上的改進。

> 我們將在第 201 頁的「Lambda 和執行緒」討論 Lambda 執行環境和多執行緒（thread）的互動。

但是，為什麼要關心這個問題——為什麼不每一次都將 memory-size 設置為最大 3008MB 呢？原因是成本。AWS 透過以下兩個主要因素對 Lambda 函式收取費用：

- 一個函式執行了多長時間，會被四捨五入到 100 ms 計算。
- 一個函式指定了多少要使用的記憶體。

換句話說，在執行時間相同的情況下，具有 2GB RAM 的 Lambda 函式執行成本是具有 1GB RAM 的 Lambda 函式的兩倍。或者具有 512MB RAM 的一台的成本為 3008MB 之一的 17%。從比例上來看，這可能是一個很大的差異。

當然這意味著您應該始終使用盡可能少的記憶體嗎？不，這樣並非總是最好的選擇。由於比起一倍記憶體的函式，具有兩倍記憶體的函式也具有兩倍的 CPU 能力，因此執行該函式可能花費一半的時間，這表示在成本相同的情況下，可以更快地完成工作。

設定正確的 Lambda 函式記憶體大小是一門藝術。我們建議您在一開始的時候設定 RAM 的大小位於 512MB 到 1GB 之間，並在後續函式擴展之後，再做調整。

Lambda 有多貴？

Lambda 的傳聞，多數是它對小型任務非常有用，因為這些使用 Lambda 實作的應用很少被運行，但對於為即時多使用者應用程式提供服務的「成長型」應用程式來說，Lambda 太貴了。以上到底有多少程度是真的？讓我們看幾個例子。

首先，讓我們回想一下照片尺寸調整器（請見第 15 頁的「檔案處理」）。假設我們將該函式設置為使用 1.5GB RAM，平均需要 10 秒執行時間，並且每天處理 10,000 張照片。Lambda 定價包括兩個部分：**請求**（request）定價（每百萬個請求 0.20 美元）和**持續時間**（duration）定價（每 GB／秒 0.0000166667 美元）。因此，我們需要計算兩個部分以估算我們照片縮放器的成本：

- 請求成本為 $0.20×0.01 = $0.002／天，或 $0.06／月。
- 持續時間成本為 10（秒／叫用）×10,000（叫用）×1.5（GB）
  ×$0.0000166667 = $2.50／天、或 $75／月。

顯然持續時間成本佔據了絕大部分。

75 美元/月與「m5.large」EC2 實體的費用大致相同，即 70 美元/月。「m5.large」EC2 實體是 m5「general purpose」系列中最小的 VM，它具有 8GB RAM 和兩個 CPU。因此，以此 EC2 VM 選項取代 Lambda，以實作我們的照片尺寸調整器來看是可行的，但是即使乍看之下成本幾乎相同，Lambda 作為解決方案卻具有以下優勢：

- Lambda 不需要管理 EC2 實體的運營成本 ——EC2 還需要考慮作業系統補丁、使用者管理等，因此 Lambda 的總體擁有成本（total cost of ownership，TCO）較低。
- Lambda 已經管理了應用程式的「事件驅動」性質，因此我們不需要在一般伺服器上實作這樣的性質。

- Lambda 會自動擴展，因此無須擔心即可處理任何流量高峰。基於伺服器的解決方案可能會超載，或者要將緩衝納入架構之中，增加系統複雜度。實際上，應用程式的負載需要越「靈敏」，Lambda 作為解決方案的成本效益就越高。

- Lambda 具有高可用度，可以處理事件於多個可用區內。相較之下，為了確保基於伺服器的解決方案和 Lambda 具有一樣的可用性，我們需要將**可用成本提高兩倍或三倍**，以獲取兩個或三個可用區域。

現在，讓我們回顧一下我們的 Web API（請見圖 1-5）。假設我們將 Web API Lambda 函式設置為使用 512MB RAM，並且每次叫用運行的時間不超過 100 毫秒，API 每秒平均處理 10 個請求（每天 864,000 個請求），但每秒最多可處理 100 個請求。

- 請求成本為 $0.20×0.864 = $0.17 / 天，即 $5.18 / 月。

- 持續時間成本為 $0.1×864,000×0.5×$0.0000166667 = $0.72 / 天，或 $21.60 / 月。

也就是說，我們每月需要花費 27 美元來處理平均 10 個請求 / 秒，並且這個系統可以隨意地達到該速度的 10 倍，而又不費吹灰之力（或增加成本）。

現在，這些組件本身都沒有龐大的規模，但它們也不是無關緊要的。對於許多應用程式來說，並不用追逐不切實際的性能需求，因此我們可以看到 Lambda 通常將成為具有成本效益的平台選擇。

此處的定價示例假設以一般的「視需求」模式使用 Lambda。另外，使用佈建並行（Provisioned Concurrency）時，Lambda 會用其他的定價方案計價，我們在第 212 頁的「佈建並行」會有相關的描述。

環境變數

前兩部分都是關於 Lambda 自己的系統配置的，如果您想為自己的應用程式設定配置呢？

我們可以為 Lambda 函式指定環境變數（environment variables）。這使我們能夠讓不同函式針對相同程式碼在不同 context 中運行。例如，透過環境變數指定外部程序（process）的連接設置或安全配置是非常常見的。

讓我們試試看，範例 3-9 顯示了使用 Java 的標準方法從環境讀取資料的函式。

範例 3-9　使用一個環境變數

```java
package book;

public class EnvVarLambda {
  public void handler(Object event) {
    String databaseUrl = System.getenv("DATABASE_URL");
    if (databaseUrl == null || databaseUrl.isEmpty())
      System.out.println("DATABASE_URL is not set");
    else
      System.out.println("DATABASE_URL is set to: " + databaseUrl);
  }
}
```

更新您的 *template.yaml* 檔案，並指向這個新類別，開始執行包裝成套件和部署。

如果我們運行此函式（使用我們喜歡的任何測試輸入），則日誌輸出將包括以下內容：

```
DATABASE_URL is not set
```

再次更新您的 *template.yaml* 檔案，以便讓 HelloWorldLambda 的部分如下方一般（請注意您的 YAML 跳格字元（tabbing）！）：

```yaml
HelloWorldLambda:
  Type: AWS::Serverless::Function
  Properties:
    FunctionName: HelloWorldJava
    Runtime: java8
    MemorySize: 512
    Handler: book.EnvVarLambda::handler
    CodeUri: target/lambda.jar
    Environment:
      Variables:
        DATABASE_URL: my-database-url
```

打包和部署後，如果我們現在測試函式，日誌輸出將包括以下內容：

```
DATABASE_URL is set to: my-database-url
```

我們可以隨意更新環境配置。

使用環境變數時，您通常會希望儲存敏感資料，例如對遠端服務的訪問密鑰。不過 Lambda 還有很多種方式可以安全地存取這些敏感資料，詳細內容請查詢 Amazon 的文件。

總結

AWS Lambda 的編寫程式的模型與您習慣的其他模型可能有很大的不同。

在本章中，探討了對 Lambda 函式進行程式設計的含義——什麼是執行時間環境，如何叫用函式以及可以從函式中獲取和處理並輸出資料的不同方式。

接著，您學習了 Lambda 函式配置的某些要點（逾時和記憶體）以及如何進行相關配置。最後，您知道如何讓應用程式使用已配置的環境變數。

現在您已經知道如何對 Lambda 函式進行程式設計，在下一章中，我們將研究 Lambda 操作——打包、部署、安全性、監控等。

練習題

1. 花些時間一步一步的操作本章對於 Lambda 的敘述，這會和之前建立和執行 Java 應用程式非常地不同。

2. 嘗試使用 System.err（標準錯誤流）而不是 System.out 記錄某些內容。日誌輸出與 System.out 看起來是否有所不同？它會改變同步或非同步叫用函式的結果嗎？

3. 故意叫用具有無效輸入的函式以查看前面所述的異常（Exception）解析：An error occurred during JSON parsing。您在哪裡看到此錯誤？它對非同步或同步叫用函式的結果有何影響？

4. 嘗試建構自己的 POJO 類型，並使用它們的 JSON 版本呼叫 Lambda。您比較喜歡用 JavaBean 風格還是公開欄位來設計類型？

5. 選擇 Lambda 管理控制台提供的測試事件範本中任意一個物件，使用 StreamLambda 將物件輸出。

6. 嘗試將您的一個類別轉換為使用靜態處理常式方法，而不是實體方法，以確認該方法同樣有效。

第四章

操作 AWS Lambda 函式

本章將介紹建立和打包基於 Java 的 AWS Lambda 函式的進階方法。我們還將詳細介紹 AWS 的無伺服器導向的基礎設施即程式碼 SAM，這也是您曾經在第二章中使用過的。最後，我們將探討 Lambda 函式和無伺服器應用程式如何受到 AWS 安全模型的影響，以及如何使用 SAM 為我們的無伺服器應用程式自動實施最低權限的安全模型。

在繼續之前，我們建議您下載（如果尚未下載）本書的程式碼範例（*https://oreil.ly/t0Bgg*）。

建立和打包

Lambda 平台希望所有使用者提供的程式碼都採用 ZIP 作為檔案的格式（*https://oreil.ly/aECWk*）。根據您使用的執行時間以及您的實際業務邏輯，該 ZIP 檔案可能包含 Java 的原始碼、程式碼和程式庫，或者由 Java 編譯後的位元組碼（byte code）（類別檔案）和程式庫組成。

在 Java 生態系統中，我們通常將程式碼打包成 Java 歸檔（Java ARchive，JAR），以透過 java -jar 指令來執行，或被其他應用程式當作程式庫。一般來說，JAR 只是具有一些其他 Java 元資料的 ZIP 檔案，因此 Lambda 平台不會對 JAR 檔案進行任何特殊處理，而是將其視為 ZIP 檔案，就像對待其他 Lambda 語言執行時間一樣。

透過使用 Maven 之類的工具，我們可以指定程式碼所相依的其他程式庫，並讓 Maven 下載這些程式庫的正確版本（以及它們可能具有的遞移相依程式庫（Transitive dependencies）），將我們的程式碼編譯為 Java 類別檔案，並將所有內容打包放入單個 JAR 檔案（通常稱為 uberjar）。

Uberjars

在第二章和第三章中儘管我們有使用了 uberjar，但尚未深入探討，現在讓我們來一窺究竟。

首先，uberjar 方法會解壓縮目標 uberjar 檔案中所有的程式庫，並將程式庫彼此疊加。在以下範例中，程式庫 A 包含一個類別檔案和一個屬性檔案。程式庫 B 包含一個不同的類別檔案和一個與程式庫 A 中的屬性檔案同名的屬性檔案。

```
$ jar tf LibraryA.jar
book/
book/important.properties
book/A.class

$ jar tf LibraryB.jar
book/
book/important.properties
book/B.class
```

如果使用這些 JAR 檔案創建一個 uberjar（就像在前幾章中所做的那樣），結果將包含兩個類別檔案和一個屬性檔案，但是該屬性檔案源自哪個原始 JAR 呢？

```
$ jar tf uberjar.jar
book/
book/important.properties # 源自於哪個 JAR 呢？
book/A.class
book/B.class
```

因為 JAR 檔案被解壓縮並被覆蓋，所以這些屬性檔案中只有一個最終會被放入 uberjar 中，如果不深入研究 Maven 運作原理，就很難知道哪個將倖存。

uberjar 方法的第二個主要問題是源自創建 JAR 檔案 —— 從 Maven 建構過程（build process）的角度來看，JAR 檔案也是 Lambda 執行時間可以使用的 ZIP 檔案，而此 JAR 與 ZIP 情況引起了兩個特定的問題。一種是 Lambda 執行時間未使用（實際上忽略了）JAR 中某些特定的元資料，像是 *MANIFEST.MF* 檔案中的 Main-Class 屬性（JAR 檔案共有的一部分元資料）是會被忽略的例子之一。

此外，JAR 的建構過程中有不確定性。例如建構過程中，工具版本和建構時間戳記會記錄在 *MANIFEST.MF* 和 *pom.properties* 檔案中，因此即使使用相同的原始程式碼建構 artifact，也無法建立相同的 JAR 檔案。這種不可複製性給下游快取、部署和安全流程造成了嚴重危害，因此我們希望盡可能避免這種情況。

由於我們實際上對 uberjar 檔案的 JAR 格式不感興趣，因此不使用 uberjar 的建構流程對我們來說是有好處的。當然，uberjar 流程本身不一定是我們建構過程中不確定性的唯一來源，但稍後我們將進行餘下的處理。

儘管存在這些缺點，但是在 Lambda 函式具有很少（或沒有）第三方相依程式庫的情況下，uberjar 流程更易於配置，並且更適用於簡單情況。在第二章和第三章的範例中就是這種情況，這就是我們到目前為止使用 uberjar 流程的原因，但是對於在現實世界中其他更具規模的 Java 和 Lambda 應用程式而言，我們建議使用 ZIP 檔案方法，而我們將在後續解釋。

組成 ZIP 檔案

因此在 Java 的世界中，uberjar 檔案的替代方案是退回使用舊方法 —— 可靠的 ZIP 檔案。在這種情況下，歸檔的佈局將有所不同，而我們將透過一些方法避免 uberjar 的問題，並為我們提供 Lambda 平台可以使用的 artifact。我們將討論如何使用 Maven 實現此目的，不過您也可以選擇其他建構工具（build tool），以搭配這些方法，也能達到目的，因為結果比過程更重要。

用 sam init 重新開始

如果要使用本章討論的想法（打包和部署可複製的 ZIP artifact）創建新專案，則可以使用在第二章中介紹的不同版本的 sam init 範本。運行以下指令，它將生成一個新版本，其中包含更新的 *pom.xml* 和 *template.yaml* 檔案，以及 *lambda-zip.xml* 程式集描述符（Assembly descriptor）檔案，這些檔案我們將在本章稍後使用：

```
$ sam init \
  --location \
  gh:symphoniacloud/sam-init-HelloWorldLambdaJava-zip
```

為了創造一個更有趣的範例，我們將在第 34 頁的「 Lambda Hello World（正確版）」中，為 Lambda 函式的 Maven 專案新增 DynamoDB 的 AWS SDK 相依程式庫。

在 *pom.xml* 中的 dependencies 區塊新增：

```
<dependencies>
  <dependency>
    <groupId>com.amazonaws</groupId>
```

```
            <artifactId>aws-java-sdk-dynamodb</artifactId>
            <version>1.11.319</version>
        </dependency>
    </dependencies>
```

新增相依程式庫之後，我們的 Lambda 函式和相依程式庫的 ZIP 檔案將看起來如下所示：

```
$ zipinfo -1 target/lambda.zip
META-INF/
book/
book/HelloWorld.class
lib/
lib/aws-java-sdk-core-1.11.319.jar
lib/aws-java-sdk-dynamodb-1.11.319.jar
lib/aws-java-sdk-kms-1.11.319.jar
lib/aws-java-sdk-s3-1.11.319.jar
lib/commons-codec-1.10.jar
lib/commons-logging-1.1.3.jar
lib/httpclient-4.5.5.jar
lib/httpcore-4.4.9.jar
lib/ion-java-1.0.2.jar
lib/jackson-annotations-2.6.0.jar
lib/jackson-core-2.6.7.jar
lib/jackson-databind-2.6.7.1.jar
lib/jackson-dataformat-cbor-2.6.7.jar
lib/jmespath-java-1.11.319.jar
lib/joda-time-2.8.1.jar
```

除了我們的程式碼（*book/HelloWorld.class*），還會看到一個存有許多 JAR 檔案的 *lib* 目錄，一個目錄用於 AWS DynamoDB SDK，另一個目錄用於遞移相依程式庫。

我們可以使用 Maven Assembly 插件建立該 ZIP 檔案，而且此插件還能在 Maven 建構過程中添加特殊的行為（本範例為在 package 階段時，Java 編譯過程的結果會與其他資源一起打包到一組輸出檔案中）。

現在，我們在 build 部分的 *pom.xml* 檔案中配置了此 Maven Assembly 插件：

```
<build>
  <plugins>
    <plugin>
      <artifactId>maven-assembly-plugin</artifactId>
      <version>3.1.1</version>
      <executions>
        <execution>
          <phase>package</phase>
```

```
            <goals>
              <goal>single</goal>
            </goals>
          </execution>
        </executions>
        <configuration>
          <appendAssemblyId>false</appendAssemblyId>
          <descriptors>
            <descriptor>src/assembly/lambda-zip.xml</descriptor>
          </descriptors>
          <finalName>lambda</finalName>
        </configuration>
      </plugin>
    </plugins>
  </build>
```

此配置有兩個最重要的部分，第一個是 configuration 中的 descriptor，它指出我們專案中另一個 XML 檔案的路徑，而第二個是 finalName 指示插件將輸出檔案命名為 *lambda.zip* 而不是其他名稱。稍後我們將看到，為何一個簡單的 finalName 就能幫助我們的專案快速迭代，尤其是在我們開始使用 Maven 子模組之後。

我們的 ZIP 檔案的大多數配置實際是參考 assembly 的敘述，先前已在 *pom.xml* 檔案中引用。此 assembly 配置準確描述了要在輸出檔案中包含哪些檔案內容和輸出方式：

```
<assembly>
  <id>lambda-zip</id> ❶
  <formats>
    <format>zip</format> ❷
  </formats>
  <includeBaseDirectory>false</includeBaseDirectory> ❸
  <dependencySets>
    <dependencySet> ❹
      <includes>
        <include>${project.groupId}:${project.artifactId}</include>
      </includes>
      <unpack>true</unpack>
      <unpackOptions>
        <excludes>
          <exclude>META-INF/MANIFEST.MF</exclude>
          <exclude>META-INF/maven/**</exclude>
        </excludes>
      </unpackOptions>
    </dependencySet>
    <dependencySet> ❺
      <useProjectArtifact>false</useProjectArtifact>
      <unpack>false</unpack>
```

```
        <scope>runtime</scope>
        <outputDirectory>lib</outputDirectory> ❻
    </dependencySet>
  </dependencySets>
</assembly>
```

❶ 我們給予了程式集（Assembly）唯一的名稱 lambda-zip。

❷ 輸出格式將是 zip 類型。

❸ 輸出檔案沒有基本目錄——這表示我們的 ZIP 檔案內容將解壓縮到當前目錄中，而不是新的子目錄中。

❹ 透過引用專案的 groupId 和 artifactId 屬性，第一個 dependencySet 部分明確地指出輸出檔案將包含我們應用程式的程式碼。當我們使用到 Maven 子模組時，將需要對其進行更改，才會叫這些模組放入輸出檔案中。舉例來說，這邊的 unpack 是指那些被列在其中的程式碼或程式庫將「被拆解」，再進行打包、建構，也就是說，它不會包含在 JAR 檔案中；而是一個普通的目錄結構和 Java *.class* 檔案。如此一來，我們還明確排除了不必要的 *META-INF* 目錄。

❺ 第二個 dependencySet 部分是配置處理應用程式的相依關係。我們排除了專案的 artifact（因為它在第一個 dependencySet 部分中進行了處理），僅包括 runtime 範圍內的相依程式庫，不會拆解這些相依程式庫，相反地只是將它們打包為 JAR 檔案。

❻ 最後，我們將所有 JAR 檔案都放在一個 *lib* 目錄中，而不是將其全部包含在輸出檔案的根目錄中。

所以，這種複雜的新 Maven 配置如何幫助我們避免 uberjars 問題？

首先，我們去除了一些不必要的 META-INF 資訊。您會注意到我們有些挑剔，在某些情況下，擁有 META-INF 資訊（例如「服務」）仍然很有價值，因此我們不想完全刪除它。

第二，我們將所有相依程式庫包括在內，並將它們作為個別獨立的 JAR 檔案包含在 *lib* 目錄中，這樣可以完全避免檔案和路徑覆蓋問題。根據 AWS Lambda 最佳實踐文件（*https://oreil.ly/euF1U*），此方法還帶來了一些效能提升，因為 Lambda 平台解壓縮 ZIP 檔案的速度更快，JVM 能快速地從 JAR 檔案中載入類別。

---

io.symphonia/lambda-packaging

我們不建議將 lambda-zip 程式集描述符複製並貼上到您的專案中，因為這些資訊過多，每次創建專案複製時可能有所遺漏，因此我們建議使用我們在 Maven Central 中預先建立好的描述符，這比較簡短，只需在 *pom.xml* 檔案的 build 部分中使用以下配置：

```
<plugin>
  <artifactId>maven-assembly-plugin</artifactId>
  <version>3.1.1</version>
  <dependencies>
    <dependency>
      <groupId>io.symphonia</groupId>
      <artifactId>lambda-packaging</artifactId>
      <version>1.0.0</version>
    </dependency>
  </dependencies>
  <executions>
    <execution>
      <id>make-assembly</id>
      <phase>package</phase>
      <goals>
        <goal>single</goal>
      </goals>
    </execution>
  </executions>
  <configuration>
    <appendAssemblyId>false</appendAssemblyId>
    <descriptorRefs>
      <descriptorRef>lambda-zip</descriptorRef>
    </descriptorRefs>
    <finalName>lambda</finalName>
  </configuration>
</plugin>
```

可重現的建構

當我們的原始碼或相依程式庫發生更改時，我們期望部署套件（uberjar 或 ZIP 檔案）的內容也發生更改（在運行建構和打包過程之後）。但是，當我們的原始碼和相依程式庫不變時，即使再次執行建構和打包過程，部署套件的內容也應保持不變。建構的輸出應該是可重現的（具有確定性的）。這很重要，因為通常會根據內容的 MD5 雜湊值（MD5 hash）指示部署套件是否已發生變化來觸發下游程序（如部署管道），因此我們希望避免不必要地觸發這些程序。

儘管我們已經使用 lambda-zip 程式集描述符消除了自動生成的 *MANIFEST.MF* 和 *pom.properties* 檔案，但是在建構過程中，我們仍然沒有消除所有潛在的不確定因素。例如，當我們建立應用程式的程式碼（例如 HelloWorld）時，編譯的 Java 類別檔案上的時間戳記可能會更改。這些更改的時間戳記會存在於新的 ZIP 檔案中，然後即使原始碼沒有更改，ZIP 檔案內容的雜湊值也會更改。

幸運的是，存在一個簡單的 Maven 插件，可以幫我們消除建構過程中的不確定性來源。可重現的 build-maven-plugin 會在建構過程中產生效用，若檔案沒有任何改變，將會輸出和之前一模一樣的 ZIP 檔案。配置方法是，在 *pom.xml* 檔案中 build 的段落，以 plugin 描述符引用插件，內容如下：

```
<plugin>
  <groupId>io.github.zlika</groupId>
  <artifactId>reproducible-build-maven-plugin</artifactId>
  <version>0.10</version>
  <executions>
    <execution>
      <phase>package</phase>
      <goals>
        <goal>strip-jar</goal>
      </goals>
    </execution>
  </executions>
</plugin>
```

現在，當我們使用未更改的原始碼多次重建部署套件時，雜湊值始終相同。在下一部分中，您將看到它如何影響部署過程。

部署

有許多用於部署 Lambda 程式碼的方法。但是，在深入探討之前，有必要弄清楚部署的定義。我們的定義是，透過使用 API 或其他服務來更新特定 Lambda 函式或一組 Lambda 函式以及相關的 AWS 資源的程式碼或配置。另外，我們沒有將定義擴展到包括部署流程服務（例如 AWS CodeDeploy）。

部署 Lambda 程式碼的方法沒有特別的順序，如下：

- AWS Lambda 管理控制台

- AWS CloudFormation／無伺服器應用程式模型（SAM）

- AWS CLI（使用 AWS API）

- AWS 雲端開發套件（Cloud Development Kit，CDK）

- 其他 AWS 開發的框架，例如 Amplify 和 Chalice

- 鎖定無伺服器組件（serverless components）的第三方框架，主要建立在 CloudForamtion 之上，例如 Serverless Framework

- 針對主要建立在 AWS API 之上的無伺服器組件的第三方工具和框架，例如 Claudia.js 和 Maven 的 `lambda-maven-plugin`

- 通用第三方基礎設施工具，例如 Ansible 或 Terraform

在本書中，我們將介紹前兩個（實際上已經在第二章和第三章中介紹了 AWS Lambda 管理控制台和 SAM）。我們也使用 AWS CLI，儘管未將其當作部署工具使用，但當您對這些方法有深刻的了解之後，您應該能夠評估其他選項，並確定是否有其他選項更適合您的環境和使用情境。

基礎設施即程式碼

透過管理控制台或 CLI 與 AWS 進行互動時，我們將手動創建、更新和銷毀基礎設施。例如，如果我們使用 AWS 管理控制台創建 Lambda 函式，則下一次要使用相同的參數創建 Lambda 函式時，我們仍然必須透過管理控制台執行相同的手動操作，如果使用 CLI 操作也一樣。

對於最初的開發和實驗，這是一種合理的方法。但是，當我們的專案開始蓬勃發展時，這種手動進行基礎設施管理的方法將成為一個障礙。解決此問題的一種行之有效的方法稱為**基礎設施即程式碼**（*Infrastructure as Code*）。

因此正確的做法不是手動地透過管理控制台或 CLI 與 AWS 進行互動，而是我們可以透過 JSON 或 YAML 檔案明確地指定所需的資源架構，然後將該檔案提交給 AWS 的基礎設施即程式碼服務：CloudFormation。CloudFormation 服務獲取我們的輸入檔案，再根據資源相依性、目前 Lambda 上應用程式部署版本狀態以及各種 AWS 服務的特質和特定要求，代替我們對 AWS 基礎設施進行必要的更改，最後，CloudFormation 會依照範本檔案資訊創建一組 AWS 資源，這組資源被稱為**堆疊（*stack*）**。

CloudFormation 是 AWS 專有的基礎設施即程式碼服務，但這並不是該領域的唯一選擇。與 AWS 一起使用的其他常見選擇是 Terraform、Ansible 和 Chef。每個服務都有其專屬的配置語言和模式，但是所有服務都基本上實現了相同的成果——從配置檔案來配置雲端基礎設施。

使用配置檔案（而不是在控制台中選擇和點擊）的主要好處是，我們應用程式基礎設施的配置檔案可以與應用程式原始碼一起進行版本控制，這表示雲端服務基礎設施也受到版本的控制。使用與應用程式相同的版本控制工具，讓我們可以看到對基礎設施進行更改的完整時間表。此外，我們可以將這些配置檔案合併到我們的連續部署管道中，因此當我們對應用程式基礎設施進行更改時，可以使用行業標準工具以及我們的應用程式碼安全地推出這些更改。

CloudFormation 和無伺服器應用程式模型

儘管基礎設施即程式碼方法具有資源架構控管的好處，但 CloudFormation 本身以冗長、笨拙和不靈活而聞名。即使是最簡單的應用程式架構，其 JSON 或 YAML 的配置檔案也可以輕鬆地超過千百行。處理這種巨大規模的 CloudFormation 堆疊時，有一種可以理解的誘惑——就是退回並使用 AWS 管理控制台或 CLI。

幸運的是，作為 AWS 無伺服器開發人員，我們有幸能夠使用另一種 CloudFormation 的「風格」，即我們在第二章和第三章中使用的無伺服器應用程式模型（SAM）。SAM 實際上是 CloudFormation 的超集合，這使我們可以使用一些特殊的資源類型和快捷方式來表示常見的無伺服器組件和應用程式架構。它還包括一些特殊的 CLI 指令，以簡化開發、測試和部署。

這是我們在第 36 頁的「創建 Lambda 函式」中首次使用的 SAM 範本，已更新為使用我們的新 ZIP 部署套件（請注意，`CodeUri` 後綴已從 `.jar` 更改為 `.zip`）：

```
AWSTemplateFormatVersion: 2010-09-09
Transform: AWS::Serverless-2016-10-31
Description: Chapter 4

Resources:
  HelloWorldLambda:
```

```
Type: AWS::Serverless::Function
Properties:
  Runtime: java8
  MemorySize: 512
  Handler: book.HelloWorld::handler
  CodeUri: target/lambda.zip
```

我們可以使用您在第二章中學習到的 SAM 指令，部署基於 ZIP 的新 Lambda 函式：

```
$ sam deploy \
  --s3-bucket $CF_BUCKET \
  --stack-name chapter4-sam \
  --capabilities CAPABILITY_IAM
```

首先 sam deploy 將部署套件上傳到 S3，但前提是該套件的內容已更改。在本章的前面，我們花了一些時間來建立可重現的建構，以便在沒有任何實際更改的情況下，不必執行像是上傳過程之類的操作。

sam deploy 還創建了範本的修改版本（也儲存在 S3 中），以引用 artifact 新上傳的 S3 位置，而不是本地位置。此步驟是必須的，因為在部署時 CloudFormation 要求範本中被引用的 artifact 皆必須在 S3 中，且可以隨時被取用。

 透過 s3 deploy 在 S3 中儲存的檔案應僅被視為暫時的版本，作為部署過程的一部分，而不是應保留的應用程式 artifact。因此，我們建議您在 SAM 專屬的 S3 儲存貯體上設置一個「生命週期政策」，如果它沒有被用於其他用途，則一段時間後會自動刪除部署 artifact——我們通常將其設置為一週。

上傳之後，如果此 AWS 帳戶和區域中尚不存在提供的名稱的堆疊，則 sam deploy 指令將創建一個新的 CloudFormation 堆疊。如果堆疊已經存在，則 sam deploy 命令將創建一個更改集合，該更改集合會列出在執行操作之前將創建、更新或刪除哪些資源。然後 sam deploy 指令將應用更改集合來更新 CloudFormation 堆疊。

列出堆疊資源，可以看到 CloudFormation 不僅創建了我們的 Lambda 函式，而且不用指定其他資源，還創建了我們所要用到的 IAM 角色和政策（我們將在後面進行探討）：

```
$ aws cloudformation list-stack-resources --stack-name chapter4-sam
{
  "StackResourceSummaries": [
    {
      "LogicalResourceId": "HelloWorldLambda",
```

```
        "PhysicalResourceId": "chapter4-sam-HelloWorldLambda-1HP15K6524D2E",
        "ResourceType": "AWS::Lambda::Function",
        "LastUpdatedTimestamp": "2019-07-26T19:16:34.424Z",
        "ResourceStatus": "CREATE_COMPLETE",
        "DriftInformation": {
          "StackResourceDriftStatus": "NOT_CHECKED"
        }
      },
      {
        "LogicalResourceId": "HelloWorldLambdaRole",
        "PhysicalResourceId":
          "chapter4-sam-HelloWorldLambdaRole-1KV86CI9RCXY0",
        "ResourceType": "AWS::IAM::Role",
        "LastUpdatedTimestamp": "2019-07-26T19:16:30.287Z",
        "ResourceStatus": "CREATE_COMPLETE",
        "DriftInformation": {
          "StackResourceDriftStatus": "NOT_CHECKED"
        }
      }
    ]
  }
```

除了 Lambda 函式外，SAM 還包括 DynamoDB 資料表（tables）（`AWS::Serverless::SimpleTable`）和 API Gateway（`AWS::Serverless::Api`）的資源類型。這些資源類型很常出現於近期流行的使用案例，可能不適用於所有應用程式架構。但是由於 SAM 是 CloudFormation 的超集合，因此我們可以在 SAM 範本中使用簡單的舊 CloudFormation 資源類型。這意味著我們可以在架構中混合及搭配使用無伺服器和「一般」AWS 組件，進而獲得兩種不同類型資源的好處，還能使用 SAM 的 `sam deploy` 命令的冪等（idempotent）CLI 語義（semantics）。在第五章中，您將在一個範本中看到結合 SAM 和 CloudFormation 資源的範例。

安全性

對於安全性的重視表現在 AWS 的各個方面。正如您在第二章中了解到的那樣，我們必須從一開始就處理 AWS 的安全層面，也就是身分和權限管理（IAM）。但是使用最廣泛、擁有最大權限的一組 IAM 來運行是不安全的，因此我們將在本節中更深入地介紹 IAM 如何存取 Lambda 平台資源，如何影響我們的函式與其他 AWS 資源的互動，以及 SAM 如何讓建立安全的應用程式變得更加容易。

必要的複雜度

如果我們完全不必過問 IAM，那麼對於我們而言，在 AWS 中建立應用程式無疑將更加容易。我們為什麼需要它？為什麼 AWS 需要它？為了回答這些問題，讓我們想像一下如果沒有 IAM，AWS 生態系統將如何運作。

沒有 IAM，我們的 Lambda 函式可以存取任何其他 AWS 資源，例如已經被創建的 DynamoDB 資料表或 S3 儲存貯體。如果資源存在，我們就可以使用它。當然，在沒有限制的情況下，我們甚至可以存取其他 AWS 帳戶中的資源，而這些其他帳戶也可以存取我們的資源！

對於開發人員來說，這種「開放取用」的世界可能很方便，但不幸的是，這是安全和隱私的噩夢。如果我們想限制對我們的應用程式和資料數據的存取，我們需要一個系統來強制執行這些限制，在 AWS 中 IAM 就是這個系統。

IAM 透過限制誰可以對一組資源執行某些操作來控制對 AWS 服務的存取。在這裡所指的誰是指 IAM 負責人，也就是使用者或角色。另外，動作和資源在 IAM 政策中被定義。不過如同您所想的那樣，IAM 在我們的 AWS 應用程式中引入了極大的複雜度，尤其是當我們使用許多不同的無伺服器組件和資源時，每種組件都有各自的操作和資源規範。但對於建立無伺服器應用程式而言，這樣的複雜度比起安全問題，根本不算什麼。因此了解 IAM 和正確地使用它是極度重要的，接下來會對其做深入討論。

最小權限原則

與傳統的單體式應用程式（monolithic application）不同，無伺服器應用程式可能具有數百個單獨的 AWS 組件，每個組件具有不同的行為和對不同資訊的存取權限。如果我們僅簡單地賦予每個組件最大的權限，則每個組件都可以存取我們 AWS 帳戶中的每個其他組件和資訊。我們在安全政策中留下的每一個缺口都有機會造成資訊洩漏、丟失或錯誤地被更改，甚至意外地改變我們的應用程式行為。而且如果單個組件遭到破壞，整個 AWS 帳戶（以及其中部署的任何其他應用程式）也將面臨風險。

為了解決安全性風險，我們可以應用「最小權限」（least privilege）原則於我們的安全模型。簡而言之，該原則指出，每個應用程式，甚至每個組件都應該只被賦予執行其函式所需的最少存取權限。例如讓我們考慮一個讀取 DynamoDB 資料表的 Lambda 函式，若我們賦予其最寬裕的權限，讓此 Lambda 函式可以讀取、寫入或以其他方式與 AWS 帳戶中的每個其他組件和資訊互動。它可以從 S3 儲存貯體中讀取、創建新的 Lambda 函式，甚至啟動 EC2 實體。如果此 Lambda 程式碼具有錯誤或漏洞，則可以更改其行為以執行這些操作，並且不受其 IAM 角色的約束。要是如此，結果說不定會造成問題。

應用最小權限原則於此特定 Lambda 函式，將導致 IAM 角色僅允許該函式存取 DynamoDB 服務。更進一步，我們可能只允許該函式從 DynamoDB 讀取資料，並刪除其寫入資料、創建或刪除資料表的功能。在這種情況下，我們可以得到更多保障，並限制該函式僅擁有對所需的單個 DynamoDB 資料表唯讀（read-only）的權限。從邏輯上來說，我們甚至可以限制執行該函式的使用者能使用的功能。舉例來說，我們能夠限制使用者只能讀取資料表中的哪些欄位。

若要將 Lambda 函式符合最小權限原則，我們必須將其存取權限縮小到只能執行工作所需的特定資源。如果 Lambda 函式受到某種方式的破壞或入侵，其安全政策仍將發揮作用，只有受限的 DynamoDB 資料表會被讀取特定欄位或項目。也就是說，最小權限原則不僅適用於防止危害，這也是限制程式碼中錯誤的「爆炸半徑」的有效方法。

讓我們考慮一種情況，我們的 Lambda 函式存在一個錯誤，例如：因為錯誤的值而錯誤地刪除了資料。在廣泛開放的安全模型中，該錯誤可能導致 Lambda 函式意外地刪除使用者的數據！但是由於我們透過最小權限原則來限制了 Lambda 函式中 bug 的「爆炸半徑」，因此該函式可能根本不會執行任何操作或引發錯誤。

控制層和資料層

正如我們在第三章（圖 3-1）中簡要提到的那樣，Lambda 服務分為控制層和資料層。控制層管理 Lambda 函式，並提供諸如 CreateFunction、DeleteFunction 和 UpdateFunctionCode 之類的 API；控制層還管理與其他 AWS 服務的整合。Lambda 函式的叫用由資料層處理，該資料層提供 Invoke 和 InvokeAsync API。

在考慮如何將 IAM 與 Lambda 整合時，需要了解上述的兩個層面。

身分和權限管理

IAM 的作用知識對於在 AWS 上成功建立任何類型的應用程式至關重要，正如我們在上一節中討論的，在建立無伺服器應用程式時，有效地應用最小權限原則顯得非常重要。IAM 是一個複雜的服務，在這裡我們將無法涵蓋所有內容。相反地，在本節中我們將從建立無伺服器應用程式的角度深入探討 IAM。IAM 在建立無伺服器應用程式中最常見和最常發揮作用的地方是執行角色（execution roles），我們可以透過政策（policies）或是資源政策，授予該角色存取 AWS 服務和資源的許可。

角色和政策

IAM 角色與 IAM 使用者不同，角色是一種可由需要它的任何人（或任何東西）承擔的身分，也就是說，IAM 角色可以由 AWS 組件（例如 Lambda 函式）擔任，而且該角色沒有長期存取憑證。考慮到這一點，我們可以將 IAM 角色定義為帶有附加權限集合的可擔任身分（assumable identity）。

可擔任身分一詞可能聽起來像是任何使用者或 AWS 組件都可以擔任，但其實並非如此，因為建立角色時，我們必須指定誰（或什麼）可以擔任該角色。例如，如果我們要建立供 Lambda 函式使用的角色，則必須透過指定以下「信任關係」（AWS 中稱為信任政策（trust policy））來明確授予 Lambda 服務（在本例中為資料層）權限以擔任該角色：

```
{
  "Version": "2012-10-17",
  "Statement": [
    {
      "Effect": "Allow",
      "Principal": {
        "Service": "lambda.amazonaws.com"
      },
      "Action": "sts:AssumeRole"
    }
  ]
}
```

該語句表示一個效果（允許（Allow）），該效果應用於一個動作（sts:AssumeRole），並且指定允許或拒絕存取資源的委託人（Principal），賦予委託人擔任角色的身分，而這裡我們允許 Lambda 服務的資料層（lambda.amazonaws.com）擔任此角色。如果我們嘗試將此角色與其他服務（例如 EC2 或 ECS）一起使用，則除非更改了委託人，不僅僅是指定 Lambda，也指定 EC2、ECS，否則它將無法如我們預期般運作。

現在我們已經確定了誰可以擔任這個角色，我們需要添加權限，因為 IAM 角色本質上沒有存取資源或執行操作的任何權限。另外 IAM 預設行為是拒絕權限，除非政策中明確允許該權限（白名單的方式）。如果要允許權限，要將權限放在政策中，而這些政策使用以下結構宣告權限：

- 一個效果（effect）（允許或拒絕（Deny））
- 一組操作（action），通常被命名為特定的 AWS 服務的名稱空間（例如 logs: PutLogEvents）
- 一組資源（resource），通常是定義特定的 AWS 組件的 Amazon 資源名稱（Amazon Resource Names，ARN）。不同的服務支持不同級別的資源專用性，例如，DynamoDB 政策可以應用到資料表級別。

以下是一個政策的範例，該政策允許針對「日誌」服務（即 CloudWatch Logs）採取一系列操作，並且這些操作將不受限於任何特定的「日誌」資源：

```
{
  "Version": "2012-10-17",
  "Statement": [
    {
      "Effect": "Allow",
      "Action": [
        "logs:CreateLogGroup",
        "logs:CreateLogStream",
        "logs:PutLogEvents"
      ],
      "Resource": "*"
    }
  ]
}
```

回到我們先前針對 Lambda 的政策，我們提早確定了誰可以擔任角色（也就是 lambda. amazonaws.com 指定的 Lambda 服務的資料層），以及該角色具有什麼權限。但是僅在將角色附加到 Lambda 函式（我們需要對其進行明確地配置）之後，Lambda 函式才能使用該角色。也就是說，我們需要告訴 Lambda 服務在執行特定的 Lambda 函式時使用此角色。

Lambda 資源政策

好像嫌安全和 IAM 的世界還不夠複雜，AWS 偶爾也會應用 IAM 政策（而非身分）來控制資源的操作和存取。和基於身分的 IAM 政策相比，資源政策會反轉控制：資源政策說明其他主體可以對討論的資源執行的操作。特別是，這對於允許不同帳戶中的主體存取某些資源（例如 Lambda 函式或 S3 儲存貯體）很有用。

Lambda 函式叫用資源政策由一系列語句（Statement）組成，每個語句指定一個委託人、一個動作列表和一個資源列表。Lambda 資料層使用這些政策來確定是否允許叫用方（例如委託人）成功叫用函式。以下是 Lambda 資源政策範例（也稱作*函式政策*（function policy）），該政策允許 API Gateway 服務叫用特定函式：

```
{
  "Version": "2012-10-17",
  "Id": "default",
  "Statement": [
    {
      "Sid": "Stmt001",
      "Effect": "Allow",
      "Principal": {
        "Service": "apigateway.amazonaws.com"
      },
      "Action": "lambda:invokeFunction",
      "Resource":
        "arn:aws:lambda:us-east-1:555555555555:function:MyLambda",
      "Condition": {
        "ArnLike": {
          "AWS:SourceArn": "arn:aws:execute-api:us-east-1:
            555555555555:xxx/*/GET/locations"
        }
      }
    }
  ]
}
```

在此政策中，我們還添加了一個條件（Condition），該條件將允許的操作來源僅限於 ID 為「xxx」且包含「/GET/locations」路徑的 API Gateway 部署。條件是特定於服務的（ArnLike），並取決於呼叫者提供的資訊。

讓我們研究一下圖 4-1，API Gateway 叫用 Lambda 函式的情況。

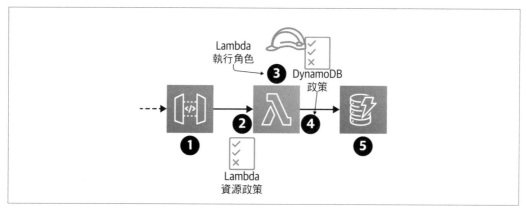

圖 4-1　Lambda 和 IAM 安全性概述

1. 呼叫者是否擁有呼叫 API 的權限？對於這種情況，我們假設答案是有的。請見 API Gateway 文件（*https://oreil.ly/Sb6N2*）了解更多資訊。

2. API Gateway API 嘗試叫用 Lambda 函式。Lambda 服務允許嗎？這由 Lambda 函式叫用資源政策控制。

3. Lambda 函式程式碼執行時應具有什麼權限？這由 Lambda 執行角色控制，並且透過和 Lambda 服務建立信任關係來擔任該角色。

4. Lambda 程式碼正在嘗試將項目放入 DynamoDB 資料表中。這能做到嗎？這由來自附加到 Lambda 執行角色的 IAM 政策的權限控制，。

5. DynamoDB 不使用資源政策，因此允許任何人（包括 Lambda 函式）叫用，只要他們的角色（例如 Lambda 執行角色）允許即可。

SAM IAM

不幸的是，IAM 的複雜性使它的有效使用性與和快速的原型製作工作流程有些矛盾。將無伺服器應用程式架構和 IAM 混合在一起，會因為為了加速開發，導致有很多的 Lambda 執行角色擁有完全開放的政策，那麼允許以各種形式存取 AWS 帳戶中的每個資源，也就不足為奇了。儘管人們很容易認同最小權限原則能提供寶貴的好處，但當要施行時，卻又發現 IAM 相關任務多到令人厭煩，最後還是選擇放棄安全性以簡化工作。

自動生成的執行角色和資源政策

幸運的是,無伺服器應用程式模型以幾種不同的方式解決了這個問題。在最簡單的情況下,它將根據 SAM 基礎設施範本中配置的各種函式和事件來源,自動創建適當的 Lambda 執行角色和函式政策。這樣可以巧妙地賦予執行 Lambda 函式的權限,並允許其他 AWS 服務叫用它們。

例如,如果您配置了一個沒有觸發的 Lambda 函式,則 SAM 將自動為該函式生成一個 Lambda 執行角色,這將使其能夠寫入 CloudWatch Logs。如果隨後向該 Lambda 函式添加了 API Gateway 觸發,則 SAM 將生成 Lambda 函式叫用資源政策,該政策允許 API Gateway 平台叫用 Lambda 函式。在下一章中,您會發現這將使我們開發起來更加輕鬆!

常見的政策範本

當然,如果您的 Lambda 函式需要與其他 AWS 服務進行互動(例如,寫入 DynamoDB 資料表),則可能需要其他權限。對於這些情況,SAM 提供了一些常見的 IAM 政策範本,使我們可以簡潔地指定權限和資源。然後,這些範本在 SAM 部署過程中進行擴展,並成為特定的 IAM 政策語句。在這裡,我們已將 DynamoDB 資料表添加到我們的 SAM 範本中。我們使用了 SAM 政策範本來允許 Lambda 函式針對該 DynamoDB 資料表執行創建、讀取、更新和刪除的操作(也稱為 CRUD(Create、Read、Update、Delete))。

```
AWSTemplateFormatVersion: 2010-09-09
Transform: AWS::Serverless-2016-10-31
Description: Chapter 4

Resources:

  HelloWorldLambda:
    Type: AWS::Serverless::Function
    Properties:
      Runtime: java8
      MemorySize: 512
      Handler: book.HelloWorld::handler
      CodeUri: target/lambda.zip
      Policies:
        ─ DynamoDBCrudPolicy:
          TableName: !Ref HelloWorldTable ❶

  HelloWorldTable:
    Type: AWS::Serverless::SimpleTable
```

❶ 在這裡，我們使用了 CloudFormation 內建函式 Ref（*https://oreil.ly/ScQ9Q*），它允許我們使用資源的邏輯 ID（在本例中為 HelloWorldTable）作為資源的物理 ID 的佔位符（類似 stack-name-HelloWorldTable-ABC123DEF）。每當創建或更新堆疊時，CloudFormation 服務會將邏輯 ID 解析為物理 ID。

總結

在本章中，我們介紹了建立和打包 Lambda 程式碼和其相依程式庫的可重現方式。我們開始使用 AWS 的 SAM 將基礎設施（例如我們的 Lambda 函式和後來的 DynamoDB 資料表）轉化為 YAML 程式碼，後面我們將在第五章中進一步探討。接著，我們說明了影響 Lambda 函式的兩種不同類型的 IAM 構造：執行角色和資源政策。最後，我們使用 SAM 而非原始 CloudFormation，如此一來，就不必添加太多額外的 YAML 程式碼即可將最低權限原則應用於 Lambda 函式的 IAM 角色和政策。

現在，我們已經擁有幾乎所有的基本建構模組了，可以開始使用 Lambda 和相關工具創建完整的應用程式。在第五章中，我們有兩個範例應用程式，用來示範如何將 Lambda 函式與事件來源綁定。

練習題

1. 故意將 Handler 屬性設置為 book.HelloWorld::foo 之後，配置本章中的 Lambda 函式。如此一來，部署函式後會發生什麼事？叫用該函式又會發生什麼事？

2. 閱讀 IAM 參考指南（*https://oreil.ly/nBdd9*），了解哪些 AWS 服務（和操作）可以具有 IAM 權限。

3. 如果您要面對其他挑戰，請在 *template.yaml* 檔案中將 AWS::Serverless::Function 替換為 AWS::Lambda::Function。您需要對 CloudFormation 進行哪些其他更改才能部署您的函式？如果遇到困難，可以透過 CloudFormation 管理控制台查看轉換後的範本（它會在原始堆疊中）。

第五章

建立無伺服器應用程式

到目前為止,我們已經討論了很多有關 Lambda 函式的知識——如何編寫 Lambda、如何打包和部署 Lambda,以及如何處理 Lambda 的輸入和輸出等。但是還有一個特點沒有介紹,那就是 Lambda 函式很少直接被我們在其他系統中編寫的程式碼直接叫用。相反地,Lambda 的絕大多數用法是,透過配置**事件來源**或觸發(這是**另一個** *AWS 服務*),交由 AWS 為我們叫用 Lambda 函式。

我們來看一下第 13 頁的「Lambda 的應用程式長怎樣?」的兩個範例:

- 為了實作 HTTP API,我們將 AWS API Gateway 配置為事件來源。

- 為了實現檔案處理,我們將 S3 配置為事件來源。

從這兩個範例可以看出,為了實作所想要的功能,我們可以使用 Lambda 作為計算平台,直接或間接的整合其他 AWS 服務,建立**無伺服器應用程式**(*serverless applications*)。

因此在本章中,我們需要研究如何將事件來源綁定到 Lambda,然後使用此技術建立特定類型的應用程式。在這過程中,您將基於上一章的知識,進一步了解如何設計、建立、打包和部署基於 Lambda 的應用程式。

如果您還沒有這樣做,則可能需要先下載範例程式碼(*https://oreil.ly/8DQe_*),然後再試試本章中的任何範例。

Lambda 事件來源

如您所知，Lambda 的典型用法是將函式綁定到事件來源。在本節中，我們將描述用於整合 Lambda 函式和特定上游服務的流程。

編寫用於事件來源的輸入和輸出程式碼

在編寫 Lambda 函式以回應特定事件來源時，通常要做的第一件事，就是了解 Lambda 函式將接收的事件的格式。

我們在使用的 SAM CLI 工具中有一個有趣的指令——`sam local generate-event`——它可以幫助您完成此練習。運行此指令後，sam 會列出所有其可以生成存根事件（stub event）的服務，也就是上游事件來源。例如，`sam local generate-event` 的部分輸出如下所示：

```
Commands:
  alexa-skills-kit
  alexa-smart-home
  apigateway
  batch
  cloudformation
  cloudfront
  cloudwatch
  codecommit
  codepipeline
```

假設我們對建立無伺服器 HTTP API 感興趣。在這種情況下，我們將 AWS API Gateway 當作上游事件來源，如果我們執行 `sam local generate-event apigateway`，會列出可以透過 API Gateway 驅動 Lambda 的存根事件，內容如下：

```
Commands:
  authorizer  Generates an Amazon API Gateway Authorizer Event
  aws-proxy   Generates an Amazon API Gateway AWS Proxy Event
```

由上方的輸出可以得知，API Gateway 可以透過多種方式與 Lambda 整合。在上面的列表中有一個事件類型：aws-proxy 事件可以使 API Gateway 充當 Lambda 函式前面的代理伺服器（proxy server）。現在讓我們嘗試一下。

```
$ sam local generate-event apigateway aws-proxy

{
  "body": "eyJ0ZXN0IjoiYm9keSJ9",
  "resource": "/{proxy+}",
  "path": "/path/to/resource",
  "httpMethod": "POST",
  "isBase64Encoded": true,
  "queryStringParameters": {
    "foo": "bar"
  },
  ....
```

此 JSON 物件是 Lambda 函式從 API Gateway 接收到的典型事件的範例。換句話說，當您將 API Gateway 設置為 Lambda 函式的觸發時，傳遞給 Lambda 函式的事件參數具有此結構。

此範例事件不一定能幫助您理解和 API Gateway 整合的語義，但確實可以為您提供 Lambda 函式接收到的事件的形式和格式，進而為您編寫程式碼提供了踏實的開端。您可以使用此 JSON 物件作為開發基礎，然後將其實際地嵌入到測試中，有關更多資訊，請見第六章！

使用 AWS 工具包

在本書中，我們將重點放在如何使用 SAM CLI 工具，並和 AWS 無伺服器服務整合，幫助開發。另外，AWS 還為了幫助開發人員，提供了一些 IDE 插件，適用於 Jetbrains IntelliJ、Eclipse、VS Code 等。

圖 5-1 中所示，在 AWS 網站的頁面上有介紹 IntelliJ Toolkit（*https://aws. amazon.com/intellij*）。它為 Lambda 開發人員提供了大量功能。

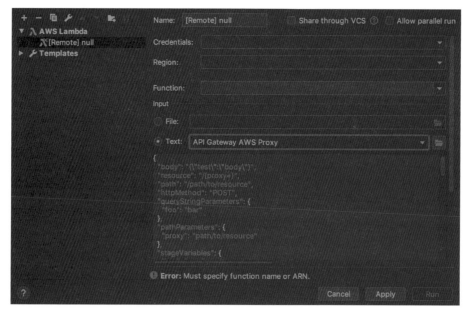

圖 5-1 AWS IntelliJ 工具包

在撰寫本書時，我們認為其中大多數功能都有一些使用限制，但是卻值得探索，對於某些人來說，它可能非常適合您的工作流程。

我們特別喜歡的一項工具，其功能是**執行（叫用）一個函式特定的遠端版本**（*Run (Invoke) the Remote Version of a Function*）。我們喜歡的原因有兩個：

- 它提供了和 sam local generate-event 提供的事件範本相同的事件範本（見圖 5-1）。

- 當您叫用在 AWS 上運行的函式時，它提供對 Lambda 日誌紀錄的快速存取——否則，查找日誌紀錄有時是很令人沮喪的。

該工具包還提供了建立和部署 Lambda 函式 / 無伺服器應用程式的功能，但是它在打包程式碼上有些限制。例如，在撰寫本書時，該工具包不支援我們為多模組專案推薦的工作流程，我們將在本章稍後進行探討。

最後，工具包可以對 Lambda 函式進行本地叫用測試，不過必須在工具包建立的「平台式」環境中測試，因此，同樣地，您需要能夠在工具包的約束方式下工作。

因為您現在知道 Lambda 函式接受的資料格式，所以您可以創造處理常式簽名來處理該格式。還記得第 52 頁的「POJO 和其生態系類型」嗎？現在要發揮作用了。

設置處理常式的輸入有兩種方法，第一種：您可以透過 POJO 類別輸入（請見第 47 頁「輸入、輸出」），並且只在 POJO 類別上創建您關注的屬性創建欄位即可。例如，如果只關心 aws-proxy 事件的 path 和 queryString Parameters 屬性，則可以按以下方式創建 POJO：

```
package book.api;

import java.util.Map;

public class APIGatewayEvent {
  public String path;
  public Map<String, String> queryStringParameters;
}
```

第二種是使用 AWS 在 Java 程式庫中提供的類型程式庫——「AWS Lambda Java 事件庫」（AWS Lambda Java Events Library）。如果使用此程式庫，請參考文件（*https://oreil.ly/5DMvp*），並在 Maven Central（*https://oreil.ly/8WvbA*）中查詢最新版本。

如果要使用這個程式庫來處理 aws-proxy 事件，首先需要在 Maven 相依程式庫中包含這個程式庫，打開 *pom.xml* 檔案，請將以下 <dependency> 子部分添加到已經存在的 <dependencies> 部分中：

```
<dependencies>
  <dependency>
    <groupId>com.amazonaws</groupId>
    <artifactId>aws-lambda-java-events</artifactId>
    <version>2.2.6</version>
  </dependency>
</dependencies>
```

完成該更新後，我們可以使用 APIGatewayProxyRequestEvent 類別（*https://oreil.ly/S1y95*）作為 POJO 輸入。

現在，我們有一個類別來表示 Lambda 函式將要接收的事件輸入。接下來，讓我們針對函式的回應，執行相同的操作。

SAM CLI 這次無法為我們提供幫助，因此您可以查詢 AWS 文件（*https://oreil.ly/RnyUg*）來查詢有效的輸出事件結構並生成自己的輸出 POJO 類型，或者可以再次使用 AWS Lambda Java 事件程式庫。在這裡要回應 API Gateway 代理事件（proxy event），請使用 `APIGatewayProxyResponseEvent` 類別（請參閱第 97 頁的「API Gateway 代理事件」）。

假設您要建立自己的 POJO 類別，並且只想返回 HTTP 狀態碼（status code）和 HTTP 回應中的內容。在這種情況下，您的 POJO 可能如下所示：

```
package book.api;

public class APIGatewayResponse {
  public final int statusCode;
  public final String body;

  public APIGatewayResponse(int statusCode, String body) {
    this.statusCode = statusCode;
    this.body = body;
  }
}
```

無論您使用 AWS 提供的 POJO 類型還是自己編寫完整的 POJO 類型，都不是一個明智的選擇。目前因為以下兩個原因，我們預設使用 AWS 程式庫：

- 過去該程式庫在 Lambda 平台上其可用的版本狀態時常嚴重落後發行版本，但如今，AWS 在維護其版本狀態上做得不錯。

- 同樣地，該程式庫過去引入了大量的 SDK 相依程式庫，因此會大大增加 artifact 的大小。現在，此問題已獲得大大地改善，其提供的 JAR（足以應付許多事件來源，包括 API Gateway 和 SNS）小於 100KB。

不過如果您希望 artifact 更小，編寫客製化的 POJO 會是一個完全合理的方法。它減少了程式碼有的相依程式庫（包括遞移相依程式庫）的數量，並且為程式碼增加了簡潔性，有助於未來的維護。在本章中，我們將提供這兩種方法的範例。

編寫完基本的 Lambda 函式後，就可以進行下一步了 —— 為了進行部署而配置事件來源。

配置 Lambda 事件來源

就像有多種方法來部署和配置 Lambda 函式一樣（還記得第 72 頁的「部署」中的部署工具清單嗎？），也有多種方法來配置事件來源。但是因為在本書中我們使用 SAM 來部署我們的程式碼，所以盡可能地使用 SAM 來配置事件來源也是合情合理的。

我們來繼續執行 API Gateway 的範例。用 SAM 來定義 API Gateway 事件來源最簡單的方式是更新您在 *template.yaml* 的 Lambda 函式定義，如下所示：

```
HelloAPIWorldLambda:
  Type: AWS::Serverless::Function
  Properties:
    Runtime: java8
    MemorySize: 512
    Handler: book.HelloWorldAPI::handler
    CodeUri: target/lambda.zip
    Events:
      MyApi:
        Type: Api
        Properties:
          Path: /foo
          Method: get
```

看一下 Events 鍵值，這就是神奇的地方。在這種情況下，SAM 要做的是創建一整套資源，包括可全域存取的 API 端點（我們將在本章後面介紹），而它所做的部分工作就是配置 API Gateway，使其能夠觸發 Lambda 函式。

SAM 可以直接配置許多不同的事件來源（*https://oreil.ly/s_4W2*）。但是如果它不能滿足您的要求，最終還是可以使用較低層級的 CloudFormation 資源。

了解不同的事件來源語義

回到第一章，我們描述了可以透過兩種方式（同步和非同步）叫用 Lambda 函式──並展示了如何在不同的場景中使用這些不同的叫用類型。

而不意外地，這表示至少有兩種不同類型的事件來源，例如 API Gateway，它們可以同步叫用 Lambda 函式並等待回應（「同步事件來源」（synchronous event sources）），而其他類型則可以非同步叫用 Lambda 函式，不用等待回應（「非同步事件來源」（asynchronous event sources））。

對於前者，您的 Lambda 函式需要返回適當的回應類型，就像我們之前對 API Gateway 所做的一樣。對於後者，處理常式函式的返回類型可以為 void，因為您不需要返回回應。

實際上，要是*所有*事件來源都適用這兩種類型之一就會很方便，但實際上還有第三種類型，並且是串流／佇列事件來源，像是：

- Kinesis 資料串流（Kinesis Data Streams）
- DynamoDB 串流（DynamoDB Streams）
- 簡易佇列服務（Simple Queue Service，SQS）

對於上述的三種來源，我們需要將 Lambda 平台配置為與上游服務聯繫以*輪詢*（poll）事件，這與所有其他事件來源相反，在所有其他事件來源中，我們配置上游服務，並將事件直接*推送*到 Lambda。

串流／佇列事件來源的這種反轉對 Lambda 處理常式編寫程式模型沒有影響 —— 方法簽名完全相同。例如，以下是 SQS 的 Lambda 處理常式事件的格式（請注意 Records 陣列）：

```
{
  "Records": [
    {
      "messageId": "19dd0b57-b21e-4ac1-bd88-01bbb068cb78",
      "receiptHandle": "MessageReceiptHandle",
      "body": "Hello from SQS!",
      "attributes": {
        "ApproximateReceiveCount": "1",
        "SentTimestamp": "1523232000000",
        "SenderId": "123456789012",
        "ApproximateFirstReceiveTimestamp": "1523232000001"
      },
      "messageAttributes": {},
      "md5OfBody": "7b270e59b47ff90a553787216d55d91d",
      "eventSource": "aws:sqs",
      "eventSourceARN": "arn:aws:sqs:us-east-1:123456789012:MyQueue",
      "awsRegion": "us-east-1"
    }
  ]
}
```

表 5-1　Lambda 事件來源類型

事件來源類型	事件來源
同步	API Gateway, Amazon CloudFront (Lambda@Edge), Elastic Load Balancing (Application Load Balancer), Cognito, Lex, Alexa, Kinesis Data Firehose
非同步	S3, SNS, Amazon SES, CloudFormation, CloudWatch Logs, CloudWatch Events, CodeCommit, Config
串流 / 佇列	Kinesis Data Streams, DynamoDB Streams, Simple Queue Service (SQS)

串流 / 佇列事件來源在錯誤處理方面也有所不同（請見第 187 頁的「錯誤處理」）。現在，我們對事件來源的了解已經足夠，可以探索幾個詳細的範例。先讓我們深入研究無伺服器 HTTP API。

範例：建立無伺服器 API

在第一章中，我們簡要討論了如何將 Lambda 用作 Web API 的一部分。在本節中，我們將秀出其建立方式。

行為

此應用程式允許客戶端將天氣資料上傳到 API，然後允許其他客戶端搜索該資料（圖 5-2）。

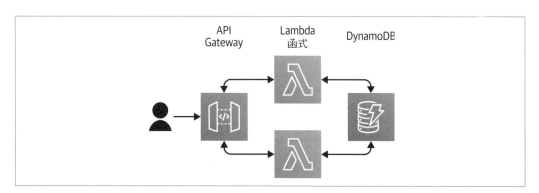

圖 5-2　用 AWS Lambda 做 Web API

寫入路徑為向端點 /events 發出 HTTP POST 請求，請求內容中具有以下 JSON 資料結構：

```
{
  "locationName":"Brooklyn, NY",
  "temperature":91,
  "timestamp":1564428897,
  "latitude": 40.70,
  "longitude": -73.99
}
```

讀取路徑為向端點 /locations 發出 GET 請求，該請求將返回每個位置所保留的最新天氣資料。此資料的格式是 JSON list，list 內 JSON 物件的格式和寫入路徑的物件相同。可以將可選的查詢字串參數限制添加到 GET 請求中，並限制可以返回的最大紀錄數。

架構

我們使用 API Gateway 實作此應用程式的 HTTP 功能（路由等）並觸發 Lambda 函式，之後讀取路徑和寫入路徑的處理邏輯透過使用兩個不同的 Lambda 函式實現，最後資料被儲存在 DynamoDB 資料表中。DynamoDB 是 Amazon 的「NoSQL」資料庫服務。非常適合多數無伺服器系統，因為：

- 它提供與 Lambda 相同的「輕量級操作」模型——配置我們所需的資料表結構，並且交由 Amazon 處理所有執行時間的注意事項。

- 可以像 Lambda 一樣，在完全「視需求」擴展模式下使用，該模式可根據實際使用情況進行擴展。

由於 DynamoDB 是 NoSQL 技術，因此並不是所有應用程式的正確選擇，但這絕對是入門的快速方法。

針對我們的範例需求設定 DynamoDB，我們宣告了稱作 locationName 的主鍵（primary key），並使用「視需求」的容量控制（capacity control）。

我們將這些資源（一個 API Gateway、兩個 Lambda 函式和一個 DynamoDB 資料表）視為一個一體的「無伺服器應用程式」。我們將程式碼、配置和基礎設施定義視為一個整體的部署單元。但是這對於無伺服器而言並不是一個特別新的想法——將資料庫封裝在服務中是微服務架構相當普遍的想法。

使用無伺服器應用程式的想法還有助於綁定資源於同一群組，但是一家公司可能最終會有成千上萬的 Lambda 函式（資源群組），我們如何管理這些所有的函式（群組）？透過無伺服器應用程式中的命名空間功能，以及透過應用程式的環境／階段標記或定位這些應用程式的已部署版本，我們可以分類並識別這些應用程式。AWS 除了支援無伺服器應用程式架構上的設計，還支援了部署（請見第 109 頁的「部署」）。

如何選 API Gateway 的風格？

AWS API Gateway 於 2015 年 7 月發佈，其核心使用「REST API」的術語（REST 指的是建立應用程式的風格「表現層狀態轉換」（*https://oreil.ly/FdDze*））。自推出多年以來，AWS 已為 API Gateway 添加了許多功能——安全性、請求和回應映射（responses mapping）、速率限制等。

在撰寫本書時，AWS 正好啟動了 *API Gateway HTTP API*（*https://oreil.ly/fOd1n*），目前是一個 beta 版本。這是 API Gateway 的另一種「風格」，沒有「REST API」版本那麼多的功能（例如，它缺少速率限制和請求／回應映射之類的功能），但它的成本約節省 70％且擁有更好的（更低的延遲）性能。還要注意，儘管 AWS 將其命名為「HTTP API」，但「傳統」REST API 變形仍實現 HTTP 協議。有時 AWS 對於服務或功能的命名會讓人感到困惑。

AWS 引入 HTTP API 的原因是，AWS 發現許多客戶沒有使用 API Gateway 的大多數功能。相反地，許多人只是想要一種簡單的方法來將 Lambda 函式公開於公共網際網路，同時將複雜性降到最低。HTTP API 為這些人員提供了可觀的成本降低。

我們發現從程式設計模型的角度來看，HTTP API 的 beta 版本和 REST API 的差別很小。變更主要是架構性的——服務可以做和不能做的，但這當然會影響您可能需要編寫的程式碼。例如，當前版本的 HTTP API 不支持自訂／Lambda 授權者，但是您可以在 Lambda 處理常式程式碼中實現此功能。

如果使用 SAM，至少對於簡單的範例而言，REST API 的部署範本與 HTTP API 的部署範本並沒有太大差別，但請記住，這就是 HTTP API 變形所想要提供的。

在此書中,我們只使用 API Gateway 的 REST API 版本,我們建議:

- 不要使用 HTTP API,如果它還是 beta 版本。

- 否則請使用 HTTP API,如果其有限的功能集足以滿足您的需求,因為如未來需要,您知道可以遷移到完整的 REST API 版本。

AWS 會在 API Gateway 文件(*https://oreil.ly/GmksV*)中有詳細介紹。

Lambda 程式碼

 截至目前為止,為了避免混淆、混亂,我們不討論錯誤檢查或測試,而專注於範例的澄清。不用擔心──這兩個重要的主題都將在本書後面討論!

前面我們提到,使用 Lambda 實現應用程式時,要做的第一件事就是了解 Lambda 函式將接收的事件的格式以及 Lambda 函式應返回的回應格式(如果有)。

我們之前已經檢查過 API Gateway 代理類型,而在這個天氣 API 中,我們編寫了自己的 POJO 序列化和反序列化類別,而不是使用 AWS 提供的程式庫,POJO 類別如範例 5-1 和 5-2 所示。

範例 *5-1　反序列化 API 請求*

```
package book.api;

import java.util.HashMap;
import java.util.Map;

public class ApiGatewayRequest {
  public String body;
  public Map<String, String> queryStringParameters = new HashMap<>();
}
```

範例 *5-2　序列化 API 請求*

```
package book.api;

public class ApiGatewayResponse {
  public Integer statusCode;
  public String body;
```

```java
public ApiGatewayResponse(Integer statusCode, String body) {
  this.statusCode = statusCode;
  this.body = body;
  }
}
```

實際上，我們一般不會推薦這種方法——請見前面有關是否使用 AWS POJO 類型程式庫的資訊（第 86 頁「編寫用於事件來源的輸入和輸出程式碼」），但我們想透過兩種方法展示以下範例。如果選擇使用 AWS 程式庫，以建立自己的 Lambda HTTP API 正式實作時，可以使用 com.amazonaws.services.lambda.runtime.events 套件中的 APIGatewayProxyRequestEvent 和 APIGatewayProxyResponseEvent 類別替代這些 DIY 類別，如同本章中的第二個範例。

現在，讓我們詳細了解實現此應用程式所需的程式碼，我們從寫路徑開始。

API Gateway 代理事件

您可能已經注意到，在本章中，我們一直在使用諸如 *API Gateway proxy* 之類的用語。這是因為有兩種不同的方式可以從 API Gateway 以 HTTP 請求觸發 Lambda。

API Gateway Lambda 代理整合（proxy integration）（*https://oreil.ly/kaTa0*）是我們在此無伺服器 API 範例中使用的類型。整合是用於連接到後端服務（可以是 Lambda 或其他類型的服務）的 API Gateway 術語。Lambda 代理整合是在 API Gateway 中將整個原始 HTTP 請求轉換為 JSON 形式，再將其傳遞給 Lambda 函式，然後將 Lambda 的 JSON 回應轉換為 HTTP 回應。這裡的**代理**表示 API Gateway 不會對請求或回應進行任何自訂對應或映射。

另一方面，API Gateway「Lambda 自訂整合」（*https://oreil.ly/niw8d*）具有用於請求路徑和回應路徑的特定映射範本。提供這些映射給 API Gateway 以完成配置。透過這種類型的整合，傳遞給後端 Lambda 函式的 JSON 的結構將取決於映射範本的內容，這就是為什麼在 sam local generate-event 中看不到這些事件類型選項的原因。

Lambda 自訂整合的好處在於，傳遞給 Lambda 函式和從 Lambda 函式返回的事件物件的複雜度將大大降低，事實上 Lambda 函式根本不需要了解 HTTP 協議的細節。例如可以在 API Gateway 回應範本中設置狀態碼，而 Lambda 函式無須知道其為 200 或是 418（*https://oreil.ly/ly3fi*）。

Lambda 自訂整合的缺點在於，所有需要了解的 HTTP 請求和回應邏輯都必須放入 Velocity 範本（*https://oreil.ly/d1NlX*）中，這些範本很細碎且難以開發和進行單元測試。

這些缺點非常嚴重，因此我們建議在 Lambda 與 API Gateway 整合時的任何情況下都使用「Lambda 代理」整合類型。如有必要，您可以不用在映射範本中定義，而是在程式碼中，像是將一些 HTTP 請求／回應合併到共享程式碼中，以減輕每個 Lambda 函式開發負擔，這樣能讓定義更輕鬆且明確。

關於將 API Gateway 與 Lambda 結合使用的另外兩個更為快速的方式，我們只在這裡提及它們，以便您了解它們：

- API Gateway 的代理有另一個含義，即**代理資源**。這裡的**代理**用來表示定義的路徑部分或全部可以是萬用字元（wildcard），例如 */foo/{proxy}* 將請求路徑 */foo/sheep* 和 */foo/cheese* 都映射到同一整合中。您可以將**代理資源**與**代理整合**結合使用，但此舉並非必需的。

- API Gateway 還有另一種叫用 Lambda 的方式——在傳遞給後端資源（它本身可以是任何 API Gateway 整合類型）*之前*對請求進行授權。您可以在不使用其他參數的情況下呼叫 `sam local generate-event apigateway`，便會看到「authorizer」事件來源類型所引用的內容。

有關於這種方式使用 API Gateway 和 Lambda 的更多資訊，請參閱 AWS 文件（*https://oreil.ly/PWoi_*）。

用 WeatherEventLambda 上傳天氣資料

我們知道，用於處理上傳資料的程式碼其大致內容如下：

```
package book.api;

public class WeatherEventLambda {
  public ApiGatewayResponse handler(ApiGatewayRequest request) {
    // 處理請求

    // 回傳回應
    return new ApiGatewayResponse(200, ..).;
  }
}
```

我們需要做的第一件事是獲取事件的輸入。Lambda 反序列化 `ApiGatewayRequest` 之後，會將其傳遞給我們的函式，而物件結構如下：

```
{
  "body": "{\"locationName\":\"Brooklyn, NY\", \"temperature\":91,...",
  "queryStringParameters": {}
}
```

我們不在乎此 Lambda 函式中的 `queryStringParameters` 欄位（將在查詢函式中使用），因此我們現在可以忽略它。

但是，該 body 欄位有些棘手，客戶端上傳的 JSON 物件仍會序列化為字串值。這是因為 Lambda 僅反序列化了 API Gateway 創建的事件，因此也無法反序列化客戶上傳的 JSON 物件。

不論如何，想要對 body 執行反序列化，可以透過 Jackson 程式庫（*https://github.com/ FasterXML/jackson*）。

對天氣數據進行反序列化後，就可以將其保存到資料庫中了。範例 5-3 顯示了 Lambda 函式的完整程式碼，您可以在範例程式碼的目錄 *Chapter5-api* 找到該範例程式碼。

範例 5-3　*WeatherEventLambda 處理常式類別*

```java
package book.api;

import com.amazonaws.services.dynamodbv2.AmazonDynamoDBClientBuilder;
import com.amazonaws.services.dynamodbv2.document.DynamoDB;
import com.amazonaws.services.dynamodbv2.document.Item;
import com.amazonaws.services.dynamodbv2.document.Table;
import com.fasterxml.jackson.databind.DeserializationFeature;
import com.fasterxml.jackson.databind.ObjectMapper;

import java.io.IOException;

public class WeatherEventLambda {
  private final ObjectMapper objectMapper =
      new ObjectMapper()
          .configure(
              DeserializationFeature.FAIL_ON_UNKNOWN_PROPERTIES,
              false);
  private final DynamoDB dynamoDB = new DynamoDB(
      AmazonDynamoDBClientBuilder.defaultClient());
  private final String tableName = System.getenv("LOCATIONS_TABLE");
```

```
public ApiGatewayResponse handler(ApiGatewayRequest request)
  throws IOException {

  final WeatherEvent weatherEvent = objectMapper.readValue(
      request.body,
      WeatherEvent.class);

  final Table table = dynamoDB.getTable(tableName);
  final Item item = new Item()
      .withPrimaryKey("locationName", weatherEvent.locationName)
      .withDouble("temperature", weatherEvent.temperature)
      .withLong("timestamp", weatherEvent.timestamp)
      .withDouble("longitude", weatherEvent.longitude)
      .withDouble("latitude", weatherEvent.latitude);
  table.putItem(item);

  return new ApiGatewayResponse(200, weatherEvent.locationName);
  }
}
```

首先，您可以看到我們在處理常式函式之外建立了一些實體變數。我們會在第 197 頁的「擴展」中討論了為什麼要這樣做，但結論是 Lambda 平台通常會多次使用同一個 Lambda 函式實體（儘管從不並行使用），因此我們可以在 Lambda 函式實體的生存期內，透過只建立一次 Lambda 函式相關的資源，來稍微優化性能。

第一個實體變數是 Jackson 的 ObjectMapper，第二個變數是 DynamoDB SDK，第三個也是最後一個實體變數是我們要使用的 DynamoDB 的資料表名稱。精確數值來自我們的基礎設施範本，因此我們使用環境變數來配置 Lambda 函式，就像我們在第 62 頁的「環境變數」中所討論的那樣。

該類別的其餘部分是我們的 Lambda 處理常式的函式。首先，您可以看到簽名，以及我們要處理的事件來源所期望的類型。不過這裡要補充的一點是，我們宣告 Lambda 處理常式時可能會引發異常——這是完全可能的，我們將在第 187 頁的「錯誤處理」中詳細討論錯誤處理。

請看處理常式的第一行，這裡的作用是反序列化原始 HTTP 請求的 **body** 欄位中嵌入的 weather 事件。**WeatherEvent** 被定義在範例 5-4 自己的類別中。

範例 5-4 *WeatherEvent* 類別

```
package book.api;

public class WeatherEvent {
```

```
    public String locationName;
    public Double temperature;
    public Long timestamp;
    public Double longitude;
    public Double latitude;

    public WeatherEvent() {
    }

    public WeatherEvent(String locationName, Double temperature,
            Long timestamp, Double longitude, Double latitude) {

      this.locationName = locationName;
      this.temperature = temperature;
      this.timestamp = timestamp;
      this.longitude = longitude;
      this.latitude = latitude;
    }
}
```

在這種情況下，Jackson 使用無參數建構子，並根據在原始 Lambda 事件的 body 欄位中傳遞的數值填充物件的欄位。

現在，我們已經捕獲了完整的天候事件，可以將其儲存到資料庫中。我們在這裡不會詳細介紹如何使用 DynamoDB，但是您可以從程式碼中看到：

- 我們使用資料表名稱的環境變數連接到所需的資料表。

- 我們使用 DynamoDB Java SDK 的「文件模型」，以位置名稱作為主鍵將資料儲存到資料表中。

最後，我們需要返回一個回應。到目前為止，我們假設（目前為止！）一切正常，在這種情況下，正確的做法是返回 HTTP 200（OK），並返回儲存的位置名稱。

這就是處理 API 寫入路徑所需的全部程式碼。現在讓我們看一下讀取路徑。

用 WeatherQueryLambda 讀取天氣資料

如您所期待的，WeatherQueryLambda 和 WeatherEventLambda 類似。範例 5-5 顯示其程式碼。

範例 5-5 *WeatherQueryLambda 處理常式類別*

```java
package book.api;

import com.amazonaws.services.dynamodbv2.AmazonDynamoDB;
import com.amazonaws.services.dynamodbv2.AmazonDynamoDBClientBuilder;
import com.amazonaws.services.dynamodbv2.model.ScanRequest;
import com.amazonaws.services.dynamodbv2.model.ScanResult;
import com.fasterxml.jackson.databind.ObjectMapper;

import java.io.IOException;
import java.util.List;
import java.util.stream.Collectors;

public class WeatherQueryLambda {
  private final ObjectMapper objectMapper = new ObjectMapper();
  private final AmazonDynamoDB dynamoDB =
      AmazonDynamoDBClientBuilder.defaultClient();
  private final String tableName = System.getenv("LOCATIONS_TABLE");

  private static final String DEFAULT_LIMIT = "50";

  public ApiGatewayResponse handler(ApiGatewayRequest request)
    throws IOException {

    final String limitParam = request.queryStringParameters == null
        ? DEFAULT_LIMIT
        : request.queryStringParameters.getOrDefault(
            "limit", DEFAULT_LIMIT);
    final int limit = Integer.parseInt(limitParam);

    final ScanRequest scanRequest = new ScanRequest()
        .withTableName(tableName)
        .withLimit(limit);
    final ScanResult scanResult = dynamoDB.scan(scanRequest);

    final List<WeatherEvent> events = scanResult.getItems().stream()
        .map(item -> new WeatherEvent(
            item.get("locationName").getS(),
            Double.parseDouble(item.get("temperature").getN()),
            Long.parseLong(item.get("timestamp").getN()),
            Double.parseDouble(item.get("longitude").getN()),
            Double.parseDouble(item.get("latitude").getN())
        ))
        .collect(Collectors.toList());

    final String json = objectMapper.writeValueAsString(events);
```

```
    return new ApiGatewayResponse(200, json);
  }
}
```

我們看到了一組相似的實體變數。由於這裡使用的 DynamoDB SDK 的 API 不同了，因此使 DynamoDB 變數變得稍有不同，但 Jackson 卻是相同的，而為了讀取相同的資料表，我們再次獲取具有相同資料表名稱的環境變數。

在 WeatherEventLambda 處理常式中，我們關心輸入事件的 body 欄位。但這次我們關注的是 queryStringParameters 欄位，尤其是 limit 參數，如果參數已設置，我們將使用它，否則，我們預設 50 作為要從 DynamoDB 檢索的最大紀錄數。

接下來的幾條程式碼的作用是從 DynamoDB 中讀取資料，然後我們將 DynamoDB 的結果逐筆轉換回 WeatherEvent 物件，構成 List。最後，我們再次使用 Jackson，用 WeatherEvent 的 List 來創建 JSON 字串回應放入 body 欄位，再次設置 200 OK 為狀態碼，傳送 API 回應。

這就是全部的程式碼！即使使用 Java 的冗長程式碼，也只需很少的程式碼，就可以擁有一個完整的 HTTP API 將數值讀寫到資料庫中。但是，當然我們的程式碼並不只是定義應用程式的全部。正如在第四章中看到的，我們還需要建立和打包程式碼。實際上我們也需要定義基礎設施。

不用 Lambda 來打造無伺服器架構

即使此無伺服器 API 範例中的程式碼很少，但實際上整個應用程式可以用零行程式碼實現。這並不是什麼奇怪的巫術，但事實上是因為另一種 API Gateway 整合方式的緣故。

如前面所述，API Gateway 可以與 Lambda 整合（有兩種不同方式）。也就是說，它還可以與任何其他 HTTP 應用程式整合，其行為更像是傳統的反向代理（reverse proxy），也可以直接與另一個 AWS 服務整合。並且您若要使用這種方式，在任何情況下都應該提供映射範本來將請求映射到基礎服務，並映射來自基礎服務的回應。

透過此功能的幫助，我們可以將 API Gateway 直接與 DynamoDB 整合，使用映射範本在 HTTP 格式和基礎儲存格式之間映射來實現天氣 API。其詳細資訊，請見 AWS 的部落格（*https://oreil.ly/CNtzT*）。使用此解決方案，不需要 Lambda 函式，因此不需要程式碼。

隨之而來的直接問題是：「僅因為您可以直接將 API Gateway 與 AWS 服務整合，這是否表示您都應該這樣做？」在無伺服器社群中對此有不同的看法。一種觀點認為，這種「無 Lambda」（Lambda-less）的應用程式比較好，原因是：

- 它不需要任何程式碼，因此更易於維護和安全。

- 由於我們不呼叫 Lambda，並且 API Gateway 的定價基於每次請求（per-request）模型（無論請求的定義多麼複雜），因此使用「無 Lambda」解決方案會更便宜。

另一方面，「親 Lambda」（pro-Lambda）人士則認為：

- 在 Lambda 中維護和測試映射程式碼要比維護 Velocity 映射範本容易得多。

- 因此，花在正確地設置範本上的時間將消除您在 Lambda 叫用上節省的所有資金。

哪一方的說法是正確的？視情況而定。我們自己的做法是預設使用程式碼和 Lambda 的方法。但是，如果應用程式中的某個特定元素足夠簡單，可以輕鬆使用映射範本創建，並且預期的吞吐量足夠高，可以在不叫用 Lambda 的情況下節省實際成本，那麼請使用無 Lambda 的方法。

兩種解決方案中面向客戶端的部分都是 API Gateway，因此您可以在不影響客戶端的情況下改變架構，而不影響到客戶。

接下來我們來看看建立和打包的部分。

用 AWS SDK BOM 來建立和打包

在第四章中，我們展示了如何使用 Maven 建立和打包 Lambda 應用程式。在此範例中，我們將使用前面章節中敘述的 ZIP 格式，因此需要一個 *pom.xml* 檔案和一個程式集描述符檔案。後者與我們在第四章討論的沒有什麼不同，在此將其忽略。

讓我們快速看一下 *pom.xml* 檔案，為了簡潔起見，我們將其刪減了一些：

範例 5-6　HTTP API 的部分 Maven POM 檔案

```xml
<project>
  <dependencyManagement>
    <dependencies>
      <dependency>
        <groupId>com.amazonaws</groupId>
        <artifactId>aws-java-sdk-bom</artifactId>
        <version>1.11.600</version>
        <type>pom</type>
        <scope>import</scope>
      </dependency>
    </dependencies>
  </dependencyManagement>

  <dependencies>
    <dependency>
      <groupId>com.amazonaws</groupId>
      <artifactId>aws-lambda-java-core</artifactId>
      <version>1.2.0</version>
      <scope>provided</scope>
    </dependency>
    <dependency>
      <groupId>com.amazonaws</groupId>
      <artifactId>aws-java-sdk-dynamodb</artifactId>
    </dependency>
    <dependency>
      <groupId>com.fasterxml.jackson.core</groupId>
      <artifactId>jackson-databind</artifactId>
      <version>2.10.1</version>
    </dependency>
  </dependencies>

  <!-- Other sections would follow -->
</project>
```

和第四章相較，我們在這裡增加一個元素：`<dependencyManagement>`，在此標記中，我們引用了一個叫做 `aws-java-sdk-bom` 的相依程式庫。這是 Maven 的一個稱為「物料清單」（bill of materials、BOM）的功能，從本質上來看，它對一組程式庫的所有版本相依性進行統整，我們將它用在此處以確保我們使用的 AWS Java SDK 相依程式庫在版本方面彼此同步。

在此特定項目中，我們實際上僅使用一個 AWS Java SDK 程式庫（aws-javasdk-dynamodb），因此在此範例中，使用 BOM 的必要性不高。但是許多 Lambda 應用程式使用多個 AWS 開發工具包，因此從現在開始使用將會是好的開始。

您還可以在 <dependency> 部分中，看到我們並沒有為 aws-java-sdk-dynamodb 定義版本，因為它使用 BOM 表中定義的版本。我們仍然必須宣告 aws-lambda-java-core 的版本，因為它不是 AWS Java SDK 的一部分，因此也不在 BOM 中。您可以從它的名稱中得知，因為其中沒有「sdk」。您可以在此部落格文章（*https://oreil.ly/V1x9x*）中了解關於 AWS Java SDK BOM 的更多資訊。

在此範例中，我們將兩個不同的 Lambda 函式的程式碼收集起來，壓縮到一個套件中。稍後在本章的下一個範例中，我們將展示如何將這個套件分解為單個程式 artifact。

更新相依程式庫定義之後，我們可以像往常一樣使用 mvn package 來建立和打包我們的應用程式。

基礎設施

我們仍然需要定義我們的基礎設施範本。

到目前為止，本書僅定義了 Lambda 資源。現在，我們需要定義 API Gateway 和資料庫，該怎麼做呢？範例 5-7 即秀出了相關的 *template.yaml*。

範例 5-7 HTTP API SAM 範本

```yaml
AWSTemplateFormatVersion: 2010-09-09
Transform: AWS::Serverless-2016-10-31
Description: chapter5-api

Globals:
  Function:
    Runtime: java8
    MemorySize: 512
    Timeout: 25
    Environment:
      Variables:
        LOCATIONS_TABLE: !Ref LocationsTable
  Api:
    OpenApiVersion: '3.0.1'
```

```
Resources:
  LocationsTable:
    Type: AWS::Serverless::SimpleTable
    Properties:
      PrimaryKey:
        Name: locationName
        Type: String

  WeatherEventLambda:
    Type: AWS::Serverless::Function
    Properties:
      CodeUri: target/lambda.zip
      Handler: book.api.WeatherEventLambda::handler
      Policies:
        — DynamoDBCrudPolicy:
            TableName: !Ref LocationsTable
      Events:
        ApiEvents:
          Type: Api
          Properties:
            Path: /events
            Method: POST

  WeatherQueryLambda:
    Type: AWS::Serverless::Function
    Properties:
      CodeUri: target/lambda.zip
      Handler: book.api.WeatherQueryLambda::handler
      Policies:
        — DynamoDBReadPolicy:
            TableName: !Ref LocationsTable
      Events:
        ApiEvents:
          Type: Api
          Properties:
            Path: /locations
            Method: GET
```

我們從最上面開始來學習。

首先,我們有 CloudFormation 和 SAM 標頭,這些標頭與我們之前看到的沒什麼不同。

接下來是一個名為 Globals 的新頂層部分。Globals 是 SAM 的程式碼優化功能，它使我們能夠定義應用程式中相同資源類型共有的一些屬性。我們在這裡主要使用它來定義我們稍後在檔案中宣告的兩個 Lambda 函式共有的一些屬性。我們已經看到了 Runtime、MemorySize 和 Timeout，但是我們在 Environment 鍵中使用 !Ref 字串宣告 LOCA TIONS_TABLE 是新的方式，稍後我們將再次介紹。請注意，並非函式中所有屬性定義在 Globals 部分中就會起作用，這就是為什麼看不到 CodeUri 定義在 Globals 原因。

最後，Globals 中還有 API 的設定，它是用來配置 API Gateway 的，才能讓我們使用 SAM API 配置的最新版本。

接下來，範本的其餘部分將由 Resources 元素組成。

首先，AWS::Serverless::SimpleTable 此一類型是 SAM 定義 DynamoDB 資料庫的方法。它適用於簡單的配置，因此對於我們的範例來說再好不過了。

請注意，我們在這裡所做的不只是指向已經存在的資料庫，我們實際上是在宣告我們希望 CloudFormation 為我們建立一個新的資料庫，並一同管理 Lambda 函式和其相關組件於相同的堆疊。我們要做的只是命名主鍵和定義其欄位內容，然後 AWS 代表我們進行其他所有操作來管理資料表。

我們甚至不用給資料表一個物理名稱，因為 CloudFormation 會根據堆疊名稱、資料表的邏輯名稱、LocationsTable（範本上的資源名稱）以及一些隨機生成且唯一的數值，將上述的這些組合為我們產生唯一的名稱。這樣少了名稱的生成管理是很好，但是如果我們不知道資料表的名稱，那麼該如何在 Lambda 函式中使用它呢？

這就是我們前面看到的 !Ref LocationsTable 值的來源，CloudFormation 將該字串替換為 DynamoDB 資料表的物理名稱，因此我們的 Lambda 函式具有一個環境變數，將它們指向正確的位置。

讓我們從 DynamoDB 資料表繼續下去，可以看到兩個 Lambda 函式的定義。回想一下，在第四章中看到了 Policies 部分，我們將透過以下方式實施最小權限原則：

- 僅授予我們函式存取一個特定的 DynamoDB 資料表的權限（看到 !Ref 被再次使用）
- 僅授予查詢資料的 Lambda 函式只有讀取權限（透過宣告 DynamoDBReadPolicy 政策）

我們還看到了前面章節中簡單介紹的 Lambda 函式的 Events 部分。正如我們之前提到的，在這裡，SAM 使用 Events 部分中定義的 Path 和 Method 屬性將我們的 Lambda 函式附加到 Gateway 上，以定義一個隱含的 API Gateway。

在許多實際情況下，隱含的 API Gateway 配置未能滿足您的需求，在這種情況下，您可以直接定義 SAM API Gateway 資源（使用 AWS::Serverless::Api 類型的資源）或底層 CloudFormation API Gateway 資源類型。如果使用 SAM 定義 API Gateway，則可以將 RestApiId 屬性添加到 Lambda 函式的 API Event 屬性中，以將其綁定到自訂的 API。

您還可以在 CloudFormation / SAM 範本中定義 API Gateway 使用 Swagger / Open API。這樣一來，您將獲得更好的文件，並且有機會進行一些「無須程式碼」的輸入驗證，但絕對不要依賴 Swagger / API Gateway 作為全部的輸入驗證器。此外，API Gateway 的某些配置只能使用 AWS 自己的 OpenAPI 擴充套件來定義（*https://oreil.ly/Cq-_T*）。這個話題足以編寫一本完整的迷您書，因此如果有需要再深入了解的話，請您自行參閱 AWS 文件！

這裡只是一點點的講解，但是幸運的是，我們已經完成了對範本的研究，因此現在該來部署及測試我們的應用程式了！

部署

> 照理說，此範例中的 API 可以在 Internet 上公開被存取。儘管因為不容易被發現完整的 API 路徑和使用方法，且方便測試，但由於所有人都可以讀寫此 API，因此請您不要忘記它的存在，並在練習完之後將其刪除。在正式環境中，您可能希望至少在寫入路徑增加一些安全性，但這已超出了我們在此討論的範圍。

要部署應用程式，請使用您已經學習過的 sam deploy 方法，如果因為沒有任何的程式碼變更而使得部署失敗，這裡可以透過更改 stack-name（例如 ChapterFiveApi），以便將其部署到新堆疊中（如要複習刷新快取的內容，請見第 74 頁的「CloudFormation 和無伺服器應用程式模型」）。

一旦 SAM 和 CloudFormation 完成後，您將在 CloudFormation 成功部署新的堆疊。我們可以在 AWS 管理主控台的 CloudFormation 部分中看到，如圖 5-3 所示。

圖 5-3　HTTP API 的 CloudFormation 堆疊

但是 CloudFormation 其實層級較低，不方便查看使用，因此 AWS 還提供了一種稱為無伺服器應用程式（*Serverless Application*）的畫面，可以在其中查看此部署的方法，就像我們先前在第 94 頁「架構」中設計的那樣。您可以透過 Lambda 控制台的「應用程式」選項查看此畫面（圖 5-4）。

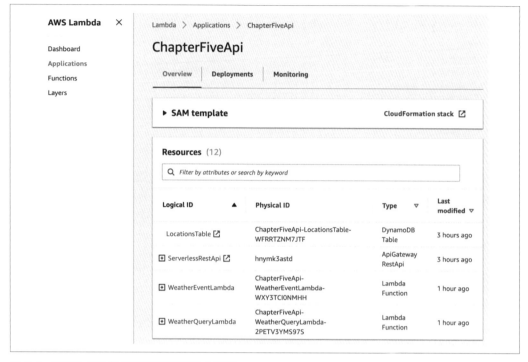

圖 5-4　HTTP API 的無伺服器應用程式畫面

在此畫面中，您可以看到 DynamoDB 資料表，API Gateway（AWS 顯示的是
ServerlessRestApi），以及我們的兩個 Lambda 函式。如果您點擊其中任何一個資源，您將
被帶到正確的服務控制台，並進入該資源。請點擊 *ServerlessRestApi* 資源，這將帶您進
入 API Gateway 控制台。進入 API Gateway 畫面後，點擊左側的階段（Stages），然後
點擊 Prod，如圖 5-5 所示的內容。

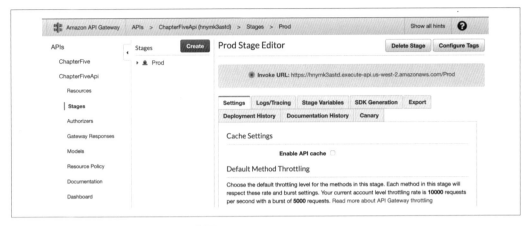

圖 5-5　HTTP API 的 API Gateway 畫面

叫用 *URL*（Invoke URL）值是您的 API 的公開存取 URL，請記下它，因為您稍後會需要它。

您還可以在**無伺服器應用程式**畫面中，看到我們前面討論的部分生成／部分隨機的物理名稱結構。例如，我們的 DynamoDB 資料表實際上被命名為 *ChapterFiveApiLocationsTable-WFRRTZNM7JTF*。可以肯定的是，如果我們在 Lambda 控制台中查看此應用程式的兩個函式中的任何一個，就可以看到 LOCATIONS_TABLE 環境變數已正確設置為此值（圖 5-6）。

圖 5-6　HTTP API 的 API Gateway 畫面

最後，我們要叫用兩個 API 路由來測試我們的部署。為此，您需要之前的網址。

首先，讓我們發送一些資料用 API Gateway 配置的 URL，附加上 /events 之後，這個字串就變成可用的 URL 了。接下來，我們可以使用 curl 叫用我們的 API，如下所示（用您剛剛組起來的的 URL 代替）：

```
$ curl -d '{"locationName":"Brooklyn, NY", "temperature":91,
  "timestamp":1564428897, "latitude": 40.70, "longitude": -73.99}' \
  -H "Content-Type: application/json" \
  -X POST https://hnymk3astd.execute-api.us-west-2.amazonaws.com/Prod/events

Brooklyn, NY
```

```
$ curl -d '{"locationName":"Oxford, UK", "temperature":64,
  "timestamp":1564428898, "latitude": 51.75, "longitude": -1.25}' \
  -H "Content-Type: application/json" \
  -X POST https://hnymk3astd.execute-api.us-west-2.amazonaws.com/Prod/events

Oxford, UK
```

現在已經有兩個新事件保存到 DynamoDB 中了。您可以透過以下方式證明，在無伺服器應用程式控制台中點擊 DynamoDB 資料表，然後進入 DynamoDB 控制台後，點擊項目（items）查看新增的結果（圖 5-7）。

圖 5-7　HTTP API 的 DynamoDB 畫面

接著，我們要測試應用程式是否可以正常透過 API 讀取天氣資料。我們將 /locations 搭配上 API Gateway 控制台 URL，再次使用 curl 叫用，會有如下結果：

```
$ curl https://hnymk3astd.execute-api.us-west-2.amazonaws.com/Prod/locations

[{"locationName":"Oxford, UK","temperature":64.0,"timestamp":1564428898,
  "longitude":-1.25,"latitude":51.75},
  {"locationName":"Brooklyn, NY","temperature":91.0,
  "timestamp":1564428897,"longitude":-73.99,"latitude":40.7}]
```

如預期，這將回傳我們的天氣資料。

恭喜您！您已經建立了第一個完整的無伺服器應用程式！雖然只是一個簡單的功能，但它具備所有的**非功能性**能力——它會自動擴展來處理巨大的負載，然後在不使用時將資源回收，它容錯力橫跨多個可用區域，其基礎設施會自動更新，包括重要的安全補丁，除此之外，它還有很多其他功能。

現在讓我們看看一個使用不同 AWS 服務所搭配建立的不同類型應用程式，

範例：建立無伺服器資料管線

在第一章我們列出了 Lambda 的兩個使用案例（第 13 頁的「Lambda 的應用程式長怎樣？」），第一個是我們剛剛詳細描述的 HTTP API——同步使用 Lambda 的範例，第二個案例是檔案處理——上傳一個檔案到 S3，然後使用 Lambda 對其做某些操作。

在這個範例中，我們根據第二個案例的想法來創造一個資料管線（data pipeline），資料管線是一種模式，其中我們將處理資料的多個非同步階段和分支串接在一起。這是一種近期流行的模式。另外，批次系統適合建立在可擴展的資源上，而剛好雲端資源大多具有此特性。

此範例的另一個重要元素，是我們將更改應用程式的建立和打包方式，為每個 Lambda 函式建立相互獨立的輸出 artifact。隨著 Lambda 函式中程式碼數量的增加，包含該函式的內容以及導入為程式庫的內容，皆會導致部署和啟動變慢。分解打包的 artifact 是一個有效緩解這種情況的實用技術。

那讓我們開始吧。

行為

這個範例將是我們前面的天氣事件系統的另一個例子。這次，應用程式將上傳 JSON 檔案到 S3，檔案內容是「天氣事件」的資料。資料管線將處理該檔案，目前副效果只是將事件記錄到 AWS CloudWatch Logs（圖 5-8）。

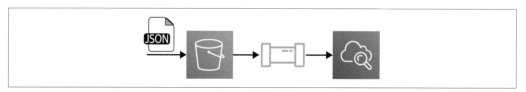

圖 5-8　資料管線範例行為

架構

我們剛剛描述了這個應用程式的*行為*，接下來會開始說明該架構還有更多細節（圖 5-9）。

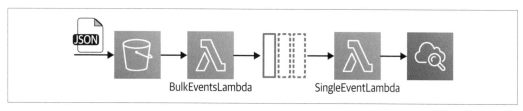

圖 5-9　資料管線範例架構

我們從一個 S3 儲存貯體開始此應用程式。上傳一個檔案（或用 S3 術語說：一個**物件**）到 S3 的行為將非同步地觸發 Lambda 函式。第一個函式（`BulkEventsLambda`）將讀取天氣事件的 JSON list，將其分離為各個事件，然後將每個事件發佈到 SNS 主題上。接下來這將觸發（再次非同步地）第二個 Lambda 函式（`SingleEventLambda`），然後此函式將處理每個天氣事件，而在這裡我們是將事件記錄下來。

這種架構顯然太過複雜了，僅僅記錄上傳的檔案內容就如此複雜了！但是，該範例的重點是它提供了一個具有完整、可部署的多階段的資料管線的「行走框架」。然後，您可以以此為起點添加有趣的處理邏輯。

所有這些組件都被視為一個統一部署的無伺服器應用程式，就像我們在 HTTP API 範例中所做的一樣。

現在我們將進一步探討架構的每個階段。

S3

S3 是 AWS 最老的服務之一，如同我們在第 3 頁「成長中的雲端」所敘述的，雖然這個服務很常被使用於系統的應用程式架構中，但也在部署和操作 AWS 應用程式時很常見──本書已經有許多次使用 S3 於部署基於 Lambda 的應用程式了。

而更重要的是，我們認為 S3 是在 AWS 上無伺服器的 BaaS 產品的最早範例之一。如果我們回顧一下第一章中有關「辨別」無伺服器的因素，我們可以看到它符合了以下所有的選項：

無須管理長期運行的伺服器或應用程式實體

是的。當我們使用 S3 時，我們沒有「檔案伺服器」或是其他相關的硬體需要管理。

根據需求自動擴展和自動佈建

是的，我們無須手動配置 S3 所需的容量，它可以自動擴展總儲存量和流量。

根據精確的使用量來計費，甚至是零使用量

沒錯！要是您沒有使用任何 S3 儲存貯體的空間，則無須支付任何費用。另外，您的費用將取決於儲存的位元組數量、流量和儲存類別（請見下一點）。

不同於主機種類大小和數量的性能配置能力

是的，沒錯！可以根據您的需求選擇不同的 S3 的效能。然而費用也會因為效能越好，而變得更高。

具有隱含的高可用性

是的。S3 會存放多份資料橫跨區域內的可用區域。如果一個可用區域出現問題，您仍然可以存取所有資料。

由於 S3 是無伺服器的，因此它是 Lambda 的絕佳夥伴，尤其是它們具有類似的擴展功能。此外，S3 可以設定成要是儲存貯體中的資料發生更改時就觸發 Lambda 函式，讓 S3 直接與 Lambda 整合。這種以事件驅動的方式，讓下游串接的服務得以自動對 S3 中的更改做出反應，再也不必使用傳統方法輪詢 S3。這種方法更乾淨、更易於理解，並且從基礎設施成本的角度來看更為有效。

這兩個範例中使用的所有非 Lambda 服務（API Gateway、DynamoDB、S3 和 SNS），都是 AWS 生態系統內的無伺服器 BaaS 服務。

到目前為止，我們不會提供上傳檔案的客戶端實作，而是使用 AWS 工具來處理上傳。在實際的應用程式中，您可以選擇允許客戶端透過「已簽章的 URL」直接上傳到 S3，這是一種「純」無伺服器方法，因為您不僅不用運行伺服器，而且還將需要在伺服器端應用程式中實現的行為往前推移到了客戶身上。

Lambda 函式

函式的部分與我們在第一個範例中所做的唯一差別是，新的函式是非同步叫用的，因此不需要返回任何值。

這種模式就是我們平常所說的扇出（*fan-out*），或者也可以說，它是「Map-reduce」系統的「map」部分。但是，您可能會想問，為什麼我們要將每個事件分離，再個別傳入 Lambda 函式中？有以下兩個原因。

第一個原因是引入平行性。每條 SNS 訊息都會觸發並且叫用 SingleEventLambda 函式，而 Lambda 函式的每次叫用，如果先前的叫用未完成，則 Lambda 平台將自動創建 Lambda 函式的新實體，並使用該實體處理最新的叫用。在我們的範例應用程式中，如果您上傳一個包含一百個事件的檔案，並且假設每個事件分別花費至少幾秒鐘來處理，那麼 Lambda 將創建一百個 SingleEventLambda 實體，接著平行處理每個天氣事件（圖 5-10）。

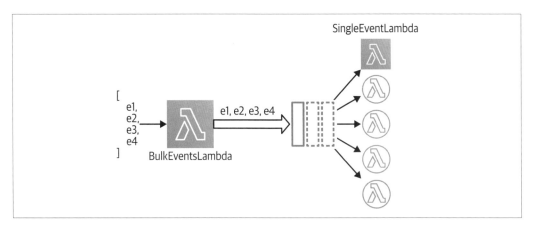

圖 5-10　資料管線扇出

Lambda 有非常強的擴展能力，我們將在第八章（第 197 頁的「擴展」）中進一步討論。

引入扇出的第二個原因是，每個單獨的事件是否需要花費很長時間（例如幾分鐘）來處理。在這種情況下，處理一百個天氣事件將花費比 Lambda 最大 15 分鐘逾時更長的時間，但是若將每個事件放入自己的 Lambda 叫用中，我們便得以避免出現逾時問題。

不過還有其他方法可以解決 Lambda 的逾時限制，其中一種替代方法（雖然有些危險，請見以下警告！）是在 Lambda 函式中使用遞迴叫用。在第三章（第 58 頁的「逾時」）中，我們看到可以使用傳遞給 Lambda 處理程式的 Context 物件的 getRemainingTimeInMillis() 方法來追蹤函式在逾時之前剩餘的時間。透過此數值我們可以知道確切的時間，非同步地叫用當前正在運行的相同的 Lambda 函式，但只傳遞需要處理的資料數據。

如果您的資料需要線性處理，那麼這方法將會比「扇出」更優。

遞迴叫用 Lambda 函式時要小心，因為很容易出現以下情況：（a）永不停止和／或（b）擴展數百或數千個實體的函式。這兩種都會增加您 AWS 帳單上的數字！由於（b）的原因，我們建議在極少數情況下使用遞迴叫用 Lambda。若要有意義的使用，就是當您使用低的「預留並行」配置（請參閱第 200 頁的「預留並行」）的時候。

SNS

SNS 是 AWS 的訊息服務之一。一方面，SNS 提供了一個簡單的發佈 - 訂閱訊息匯流排（*https://oreil.ly/D5jdc*）；另一方面，它提供了發送 *SMS* 文字訊息以及類似的以人為目標的訊息功能。我們的範例是使用第一個功能。

SNS 是另外一個無伺服器服務，您需要負責請 AWS 創造一個新的主題（Topic），接著 AWS 會在後台處理主題的擴展和運作。

使用 SNS SDK 將帶有字串內容的訊息發佈到主題很簡單，這將在後面介紹。SNS 也有多種訂閱類型，但在這範例中，（不意外地）我們將僅使用 Lambda 訂閱類型。它的工作方式是，當有訊息發佈到主題時，會向該主題的所有訂閱者發送該訊息。因此每當 Lambda 平台透過 SNS 接收到訊息時，就會非同步叫用有訂閱的 Lambda 函式。

在我們的範例中，我們希望為上傳檔案中的每個天氣事件非同步地叫用 Lambda 函式。然而，我們原本可以直接使用 Lambda SDK 的 Invoke 方法（但非同步地）從 `BatchEventsLambda` 叫用 `SingleEventLambda`，但取而代之的是，我們使用了 SNS 作為中介層，為什麼？

這是因為我們要減少兩個 Lambda 函式之間的結構耦合。我們希望 `BatchEventsLambda` 知道其職責是分解一批天氣事件，但是我們覺得它不一定需要和接下來天氣事件的處理有關。如果我們稍後決定進一步發展架構，以便每個事件都可以由多個使用者處理，或者也許我們用 AWS Step Functions 服務（*https://oreil.ly/LWX1e*）取代 `SingleEventLambda`，則 `BatchEventsLambda` 的程式碼就不需要改變。

最後，我們選擇 SNS 的原因是其在 Lambda 應用程式中具有簡單性和普遍性。AWS 提供了許多其他訊息傳遞系統──SQS、Kinesis 和 Event Bridge，如果您願意，甚至可以使用 S3！選擇哪種服務取決於應用程式的特定要求以及每種服務的各種功能。為應用程式選擇正確的訊息傳遞服務可能會有些棘手，因此值得更深入的研究。

Lambda 程式碼

我們的程式碼由三個類別組成。

第一個與我們在第一個範例中使用的 WeatherEvent 相同,請將其複製到新的套件中,其原因將在以後被說明清楚。

透過 BulkEventsLambda 處理批次檔案

下一個類別是我們的 BulkEventsLambda 程式碼。

正如我們討論過的,第一件要做的事就是了解輸入事件的格式。

如果運行 sam local generate-event s3,我們將看到 S3 可以同時為「puts」(建立和更新)和「deletes」生成事件。在這裡的範例,我們比較需要了解前者,因而範例事件會如下(為簡潔起見做了一些修飾):

```
{
  "Records": [
    {
      "eventSource": "aws:s3",
      "awsRegion": "us-east-1",
      "eventTime": "1970-01-01T00:00:00.000Z",
      "eventName": "ObjectCreated:Put",
      "s3": {
        "bucket": {
          "name": "example-bucket",
          "arn": "arn:aws:s3:::example-bucket"
        },
        "object": {
          "key": "test/key",
          "size": 1024
        }
      }
    }
  ]
}
```

首先要注意的是,該事件包含一個 Records 陣列。實際上,S3 只會發送其中僅包含一個元素的陣列,因此,如果可以,最好對此做防禦性程式設計。

接下來要注意的是，我們被告知是什麼物件導致了此事件——儲存貯體 example-bucket 中的 test/key。要記住，即使我們經常將 S3 當作檔案系統，它看起來是一個檔案系統，您可能會認為該鍵就像是具有目錄的檔案系統中的路徑一樣，但 S3 實際上是一個鍵值儲存（key-value store）。

最後我們要注意的是，我們不會收到上傳物件的內容——而是僅被通知物件的位置。在我們的範例應用程式中，因為我們希望拿到內容，因此需要靠我們自己從 S3 載入物件。

在此範例中，我們將使用 aws-lambda-java-events 程式庫中的 S3Event 類別作為輸入事件 POJO。此類別有引用 aws-java-sdk-s3 SDK 程式庫中的其他類別，因此我們在相依程式庫中也需要此類型。從最小化程式庫相依關係的角度來看，我們在此類別中直接呼叫 S3 SDK 是沒問題的。

S3Event 物件及其欄位包含輸入事件所需的一切，並且由於此函式是非同步的，因此沒有返回類型。這表示我們已經完成了 POJO 定義階段，可以繼續編寫程式碼了。

我們省去了範例 5-8 中的大量 package 和 import，因為它們占了太多版面，但是如果您有興趣看看它們，請下載本書的範例程式碼。

範例 5-8　*BulkEventsLambda.java*

```
public class BulkEventsLambda {
  private final ObjectMapper objectMapper =
      new ObjectMapper()
          .configure(
              DeserializationFeature.FAIL_ON_UNKNOWN_PROPERTIES,
              false);
  private final AmazonSNS sns = AmazonSNSClientBuilder.defaultClient();
  private final AmazonS3 s3 = AmazonS3ClientBuilder.defaultClient();
  private final String snsTopic = System.getenv("FAN_OUT_TOPIC");

  public void handler(S3Event event) {
    event.getRecords().forEach(this::processS3EventRecord);
  }

  private void processS3EventRecord(
      S3EventNotification.S3EventNotificationRecord record) {

    final List<WeatherEvent> weatherEvents = readWeatherEventsFromS3(
        record.getS3().getBucket().getName(),
        record.getS3().getObject().getKey());
```

```
        weatherEvents.stream()
            .map(this::weatherEventToSnsMessage)
            .forEach(message -> sns.publish(snsTopic, message));

        System.out.println("Published " + weatherEvents.size()
                + " weather events to SNS");
    }

    private List<WeatherEvent> readWeatherEventsFromS3(String bucket, String key) {
        try {
            final S3ObjectInputStream s3is =
                s3.getObject(bucket, key).getObjectContent();
            final WeatherEvent[] weatherEvents =
                objectMapper.readValue(s3is, WeatherEvent[].class);
            s3is.close();
            return Arrays.asList(weatherEvents);
        } catch (IOException e) {
            throw new RuntimeException(e);
        }
    }

    private String weatherEventToSnsMessage(WeatherEvent weatherEvent) {
        try {
            return objectMapper.writeValueAsString(weatherEvent);
        } catch (JsonProcessingException e) {
            throw new RuntimeException(e);
        }
    }
}
```

處理常式方法使用迴圈跑過 S3Event 中的每個紀錄，我們知道這紀錄只會有一個，但為了安全起見，我們用迴圈來避免可能發生的例外狀況。

其餘程式碼的要求非常簡單：

1. 從 S3 中讀取上傳的 JSON 物件。

2. 將 JSON 物件反序列化為 WeatherEvent 物件的 list。

3. 對於每個 WeatherEvent 物件，將其序列化回 JSON⋯

4. ⋯然後將其發佈到 SNS。

如果您下載了範例程式碼，請看一下內容。就像第一個範例一樣，我們使用 Jackson 進行序列化／反序列化。我們使用 AWS SDK 兩次，一次是從 S3（s3.getObject()）讀取物件，一次是發佈訊息到 SNS（sns.publish()）。儘管這些是不同的 SDK，且每個都具有它們各自的程式庫相依關係，但是使用起來的感覺與和前一個範例中的 DynamoDB SDK 大致相同。

有趣的是，就像第一個範例一樣，在建立 AWS SDK 的連接時，我們從不提供任何憑證：當我們在 AmazonSNSClientBuilder 和 AmazonS3ClientBuilder 上叫用 defaultClient() 時，沒有提供任何使用者名稱或密碼。之所以可行，是因為 Java AWS SDK 在 Lambda 中運行時，預設情況下使用為 Lambda 配置的 Lambda 執行角色（我們在第 79 頁的「身分和權限管理」中做了討論）。這表示沒有任何密碼會從我們的原始程式碼中洩漏出去！

適當的 Java 版本 AWS SDK

到目前為止，在本書中每次使用 AWS SDK 時，我們都在使用適用於 *Java 1.11*（*V1*）的 *AWS SDK*，從我們所有 Maven Group ID 是 com.amazonaws 相依程式庫的子項目設定可以看的出來。

目前還提供了 Java SDK 的更新版本──適用於 *Java 2.0*（*V2*）的 *AWS SDK*。這提供了性能改進、自動分頁等功能。SDK 的 V2 版本在 Maven Central 中，Group ID 是 software.amazon.awssdk 的項目即是新的 SDK。

V2 版本在 2018 年被發佈時被宣稱為「全面可用」（generally available），那為什麼我們不使用這個版本呢？

雖然完整的 AWS API 的較低層級元素在 V2 SDK 中可用，但 V1 中有許多進階的功能在 V2 中不可用（在撰寫本書時），像是 DynamoDB 物件映射器。因此由於這些功能上的差距，使用 V1 SDK 編寫本書範例會讓我們感到更安全。

然而由於 V2 SDK 的性能得到了改善，並且可能在您閱讀本書時 V2 的功能已經完整，所以我們建議您評估 V2 SDK 並自己決定是否更適合您的需求。

透過 SingleEventLambda 處理單個天氣事件

進入我們的最後一個類別，您現在應該已經有所掌握了，所以讓我們進一步來看吧！

首先來看輸入事件，執行 `sam local generate-event sns notification`，可以得到以下內容，當然這有被微調過：

```json
{
  "Records": [
    {
      "EventSubscriptionArn": "arn:aws:sns:us-east-1::ExampleTopic",
      "Sns": {
        "Type": "Notification",
        "MessageId": "95df01b4-ee98-5cb9-9903-4c221d41eb5e",
        "TopicArn": "arn:aws:sns:us-east-1:123456789012:ExampleTopic",
        "Subject": "example subject",
        "Message": "example message",
        "Timestamp": "1970-01-01T00:00:00.000Z",
      }
    }
  ]
}
```

和 S3Event 類似，我們的輸入事件由 Records 組成，它只會具有一個 Record（通常），而其中有一個 Sns 物件，它包含了多種欄位。在此範例中，我們關心的是 Message，但是 SNS 訊息也提供了 Subject 欄位。

就像 BulkEventsLambda 一樣，我們將再次使用 aws-lambda-java-events 程式庫，但是這次我們要使用 SNSEvent 類別。SNSEvent 不需要其他 AWS SDK 類別，因此不需要將其他程式庫添加到我們的 Maven 相依程式庫中。

再次強調，這是個非同步事件類型，因此我們不需要擔心有任何的返回類型。

看到程式碼（請見範例 5-8）！同樣地我們在這裡省略了 package 和 import 部分的程式碼，但是如果您想查看它們，可以下載書中的程式碼來查看。

範例 5-9　SingleEventLambd 處理常式類別

```java
public class SingleEventLambda {
  private final ObjectMapper objectMapper =
      new ObjectMapper()
          .configure(
              DeserializationFeature.FAIL_ON_UNKNOWN_PROPERTIES,
              false);

  public void handler(SNSEvent event) {
    event.getRecords().forEach(this::processSNSRecord);
  }
```

```java
private void processSNSRecord(SNSEvent.SNSRecord snsRecord) {
  try {
    final WeatherEvent weatherEvent = objectMapper.readValue(
        snsRecord.getSNS().getMessage(),
        WeatherEvent.class);
    System.out.println("Received weather event:");
    System.out.println(weatherEvent);
  } catch (IOException e) {
    throw new RuntimeException(e);
  }
}
}
```

這次我們的程式碼變的簡單點了：

1. 針對多個 SNSRecord 事件再次進行防禦性程式設計（即使應該只有一個）。

2. 從 SNS 事件中反序列化 WeatherEvent。

3. 記錄 WeatherEvent（我們將在第七章中詳細介紹）

這一次沒有任何的 SDK 引用，因為輸入事件就包含了我們所關心的所有資料。

透過多個模組和獨立 artifact 建立和打包

有了這些程式碼，現在讓我們開始建立和包裝我們的應用程式。

從過程的角度來看，此範例與之前介紹的範例沒有什麼不同，同樣地，我們將在執行 sam deploy 之前執行 mvn package。

但是，此範例在結構上有很大的不同──我們為每個 Lambda 函式創建了單獨的 ZIP 檔案 artifact。每個 ZIP 檔案僅包含一個 Lambda 處理程式的類別以及所需的相依程式庫。

儘管對於這種規模的應用程式來說，這樣做是不必要的，但是隨著您的應用程式變得越來越大，分解 artifact 會帶來些許效益，如下：

- 冷啟動時間將減少（我們將在第 206 頁的「冷啟動」中詳細介紹冷啟動）。

- 假設使用我們在第四章（第 71 頁的「可重現的建構」）中介紹的可重現的建構插件，通常會減少本地計算機的部署時間，因為每次部署只會上傳和更改函式相關的 artifact。

- 避免 Lambda 的 artifact 大小限制。

最後一點與 Lambda 中（未壓縮的）函式 artifact 的 250MB 大小限制有關。如果您有 10 個 Lambda 函式，所有函式具有不同的相依關係，並且它們的合併（未壓縮）artifact 大小超過 250MB，那為了實現部署，則需要為每個函式分解 artifact。

那我們該如何執行呢？

考慮之後的其中一個方法是，我們為無伺服器應用程式建立一個非常小的 monorepo（*https://oreil.ly/p8jk_*）。您也許可以將其視為「無伺服器應用程式迷您 Mono」。一般 monorepos 在一個 repo 中包含多個專案；我們的迷您 Mono 將在一個 Maven 專案中包含多個 Maven 模組。儘管 Maven 有其缺點，但它可以明確地宣告多個組件之間的相依關係以及它們對外部程式庫的相依關係。IntelliJ 在解釋多模組 Maven 專案方面做得很好。

使多模組 Maven 專案正確運行有點麻煩，因此我們將在此逐步進行介紹。強烈建議您下載範例程式碼，然後在 IntelliJ 中打開它，因為這樣做可能讓您感受更深。

父級專案

我們的父級 *pom.xml* 檔案看起來類似於範例 5-10。我們已刪除其中一些內容，使說明更清楚。

範例 *5-10　資料管線應用的父級專案 pom.xml*

```xml
<project>
  <groupId>my.groupId</groupId>
  <artifactId>chapter5-Data-Pipeline</artifactId>
  <version>1.0-SNAPSHOT</version>
  <packaging>pom</packaging>

  <modules>
    <module>common-code</module>
    <module>bulk-events-stage</module>
    <module>single-event-stage</module>
  </modules>

  <dependencyManagement>
    <dependencies>
      <dependency>
        <groupId>com.amazonaws</groupId>
        <artifactId>aws-java-sdk-bom</artifactId>
        <version>1.11.600</version>
        <type>pom</type>
        <scope>import</scope>
```

```
      </dependency>
      <dependency>
        <groupId>com.amazonaws</groupId>
        <artifactId>aws-lambda-java-events</artifactId>
        <version>2.2.6</version>
      </dependency>
      <!-- etc -->
    </dependencies>
  </dependencyManagement>

  <build>
    <pluginManagement>
      <plugins>
        <plugin>
          <artifactId>maven-assembly-plugin</artifactId>
          <version>3.1.1</version>
          <executions>
            <execution>
              <id>001-make-assembly</id>
              <phase>package</phase>
              <goals>
                <goal>single</goal>
              </goals>
            </execution>
          </executions>
          <configuration>
            <appendAssemblyId>false</appendAssemblyId>
            <descriptors>
              <descriptor>src/assembly/lambda-zip.xml</descriptor>
            </descriptors>
            <finalName>lambda</finalName>
          </configuration>
        </plugin>
        <plugin>
          <groupId>io.github.zlika</groupId>
          <artifactId>reproducible-build-maven-plugin</artifactId>
          <version>0.10</version>
          <executions>
            <execution>
              <id>002-strip-jar</id>
              <phase>package</phase>
              <goals>
                <goal>strip-jar</goal>
              </goals>
            </execution>
          </executions>
          <configuration>
```

```
            <outputDirectory>${project.build.directory}</outputDirectory>
          </configuration>
        </plugin>
      </plugins>
    </pluginManagement>
  </build>
</project>
```

這裡有一些要點：

- 我們在最上層添加了 `<packaging>pom</packaging>` 標記——表示這是一個多模組專案。

- 我們在 `<modules>` 部分中包含模組列表。

- 請注意，目前我們尚未宣告任何模組間的相依關係。

- 我 們 將 所 有 的 外 部 相 依 程 式 庫（不 僅 僅 是 AWS SDK BOM）都 移 到 `<dependencyManagement>` 部分。在這裡宣告整個專案中的所有相依程式庫讓工作變得更加容易，並且確保相依程式庫版本在整個專案中是通用的。

- 我們稍後將看到模組會宣告它們需要哪些外部相依關係。

- 請注意，我們仍然擁有第一個範例中討論的 AWS SDK BOM。我們將建構插件定義移至 `<pluginManagement>` 部分，以便模組可以使用它們。

- 程 式 集 插 件 的 配 置 保 留 在 *src/assembly/lambda-zip.xml* 中，或 者 您 可 以 在 Maven Central 中使用我們為您創建的版本。

- 這裡還有很多其他「Maven 魔術」細節，我們將不再贅述！

有了我們的父級專案，現在可以創建其餘的模組了。

模組

我們為每個模組創建一個子目錄，其名稱與專案 *pom.xml* 中的模組列表的每個元素相同。

在每個模組子目錄中，我們需要建立一個新的 *pom.xml*。除此之外，我們也建立了 *common-code* 子目錄，其中包含我們創建的 *pom.xml* 和其他模組共用的程式碼，在此是 `WeatherEvent`。那就讓我們從這個子目錄開始說明吧！

同樣地，這些 Maven 範例都經過了微調，因此若要完整版本請參考本書的原始程式碼。

範例 5-11　*common-code* 的模組 *pom.xml*

```xml
<project>
  <parent>
    <groupId>my.groupId</groupId>
    <artifactId>chapter5-Data-Pipeline</artifactId>
    <version>1.0-SNAPSHOT</version>
  </parent>

  <artifactId>common-code</artifactId>

  <build>
    <plugins>
      <plugin>
        <artifactId>reproducible-build-maven-plugin</artifactId>
        <groupId>io.github.zlika</groupId>
      </plugin>
    </plugins>
  </build>
</project>
```

我們宣告了這個檔案所屬的父級檔案，也就是我們模組的 `artifactId`（為了方便對應，它應與模組名稱相同），然後宣告我們要使用的建構插件。對於此模組，我們只建立一個普通 JAR 檔案，僅包含模組本身的程式碼。這表示我們不需要匯集 ZIP 檔案，但是我們仍然希望使用可複製的建構插件。插件的配置來自父級 bom 的 `<pluginManagement>` 部分中的定義。

請注意，這邊沒有 `<dependencies>` 部分，因為這次這些模組沒有任何的相依程式庫。

接下來，我們要在 bulk-events-stage 子目錄中建立一個 *pom.xml*，如範例 5-12 所示。

範例 5-12　*bulk-events-stag* 的模組 *pom.xml*

```xml
<project>
  <parent>
    <groupId>my.groupId</groupId>
    <artifactId>chapter5-Data-Pipeline</artifactId>
    <version>1.0-SNAPSHOT</version>
  </parent>

  <artifactId>bulk-events-stage</artifactId>

  <dependencies>
```

```xml
        <dependency>
          <groupId>my.groupId</groupId>
          <artifactId>common-code</artifactId>
          <version>${project.parent.version}</version>
        </dependency>
        <dependency>
          <groupId>com.amazonaws</groupId>
          <artifactId>aws-lambda-java-events</artifactId>
        </dependency>
        <!-- etc. -->
      </dependencies>

      <build>
        <plugins>
          <plugin>
            <artifactId>maven-assembly-plugin</artifactId>
          </plugin>
          <plugin>
            <artifactId>reproducible-build-maven-plugin</artifactId>
            <groupId>io.github.zlika</groupId>
          </plugin>
        </plugins>
      </build>
    </project>
```

<parent> 部分與 *common-code* 相同，並且 <artifactId> 遵循與以前相同的規則。

這次我們的檔案有相依程式庫。首先我們來看一下如何宣告模組間的相依關係，第一個 <dependencies> 中的 <dependency> 是對 *common-code* 模組的宣告，並從父級檔案拿取版本。然後，我們宣告所有外部相依程式庫，這裡沒有指定任何版本，這些版本是來自父級 *pom.xml* 中的 <dependency-management> 部分（或從 AWS SDK BOM 過渡而來）。

最後，在 <build> 部分中宣告我們的建構插件。這次我們需要建立一個 ZIP 檔案（這將只是 BulkEventsLambda 函式的 ZIP 檔案），所以我們囊括了對 maven-assembly-plugin 的引用。並且同樣地，因為在父級 *pom.xml* 中定義過了插件的配置，所以此處不用再次定義。

參考我們的範例程式碼，您會發現 *single-event-stage pom.xml* 看起來與 *bulk-events-stage pom.xml* 幾乎相同，但是相依程式庫較少。

完成 Maven POM 檔案後，我們在每個模組中建立 *src* 目錄。我們的專案目錄樹的最終結果如下所示：

```
.
+--> bulk-events-stage
|    +--> src/main/java/book/pipeline/bulk
|    |                            +--> BulkEventsLambda.java
|    +--> pom.xml
+--> common-code
|    +--> src/main/java/book/pipeline/common
|    |                            +--> WeatherEvent.java
|    +--> pom.xml
+--> single-event-stage
|    +--> src/main/java/book/pipeline/single
|    |                            +--> SingleEventLambda.java
|    +--> pom.xml
+--> src/assembly
|        +--> lambda-zip.xml
+--> pom.xml
+--> template.yaml
```

為此多模組專案執行 `mvn package`，將會在兩個 Lambda 模組目錄中各自建立單獨的 *lambda.zip* 檔案。

由於我們設計的模組彼此不相依，因此我們可以在打包時提高建構性能，透過將打包語法換成 `mvn package -T 1C`，將使 Maven 視您機器的硬體設備和目前的可用狀況，盡可能地給您在每個內核中開一個執行緒進行打包。

基礎設施

儘管 Java 專案的結構發生了重大變化，但我們的 SAM 範本並沒有太大變化。讓我們看一下它的改變，以及範例 5-13 中使用的其他 AWS 資源。

範例 5-13　資料管線的 SAM 範本

```
AWSTemplateFormatVersion: 2010-09-09
Transform: AWS::Serverless-2016-10-31
Description: chapter5-data-pipeline

Globals:
  Function:
    Runtime: java8
    MemorySize: 512
    Timeout: 10
```

```yaml
Resources:
  PipelineStartBucket:
    Type: AWS::S3::Bucket
    Properties:
      BucketName: !Sub ${AWS::StackName}-${AWS::AccountId}-${AWS::Region}-start

  FanOutTopic:
    Type: AWS::SNS::Topic

  BulkEventsLambda:
    Type: AWS::Serverless::Function
    Properties:
      CodeUri: bulk-events-stage/target/lambda.zip
      Handler: book.pipeline.bulk.BulkEventsLambda::handler
      Environment:
        Variables:
          FAN_OUT_TOPIC: !Ref FanOutTopic
      Policies:
        — S3ReadPolicy:
            BucketName: !Sub ${AWS::StackName}-${AWS::AccountId}-${AWS::Region}-start
        — SNSPublishMessagePolicy:
            TopicName: !GetAtt FanOutTopic.TopicName
      Events:
        S3Event:
          Type: S3
          Properties:
            Bucket: !Ref PipelineStartBucket
            Events: s3:ObjectCreated:*

  SingleEventLambda:
    Type: AWS::Serverless::Function
    Properties:
      CodeUri: single-event-stage/target/lambda.zip
      Handler: book.pipeline.single.SingleEventLambda::handler
      Events:
        SnsEvent:
          Type: SNS
          Properties:
            Topic: !Ref FanOutTopic
```

首先,雖然看起來和之前的檔案差異不大,但讓我們看一下由多模組 Maven 專案造成的差異。最主要的差別是 Lambda 函式中 CodeUri 屬性的更新。在 API 範例中,我們曾經對兩個函式使用相同的 `target/lambda.zip` 值,而對於 BulkEventsLambda 來說,它現在是 bulk-events-stage/target/lambda.zip,以及 SingleEventLambda 現在是 single-event-stage/target/lambda.zip。

好的,現在讓我們回到最上面。

這次 Globals 部分要小一些。這是因為 Lambda 函式之間沒有共享的環境變數,並且我們不需要任何的 API 配置。

在 Resources 部分,首先我們宣告 S3 儲存貯體,您可以在此處添加很多屬性,和存取控制相關的屬性特別受歡迎。我們通常希望添加的是伺服器端加密以及生命週期策略,但是在這裡,我們將其設定為預設值。和先前不同的是,我們在這裡明確宣告其名稱,不然通常我們希望透過 CloudFormation 為我們生成一個唯一的名稱。這是由於如果我們不宣告名稱,CloudFormation 的 S3 資源會在自動生成的名稱中附加很多檔案的其他元素,這是我們不樂見的。

在所有 AWS 區域和帳戶中,S3 儲存貯體名稱必須是全域唯一的。也就是說,如果您在 us-east-1 區域中建立了一個叫做 *Sheep* 的儲存貯體,那麼您也無法在 us-west-2 中建立另一個叫做 *Sheep* 的儲存貯體(除非您先將 us-east-1 中的刪除)。這表示當您透過像是 CloudFormation 之類的自動化工具來建立儲存貯體名稱時,您需要透過獨特的方式來避免命名衝突。

舉例來說,我們用下面的方式來宣告儲存貯體名稱:

```
!Sub ${AWS::StackName}-${AWS::AccountId}-${AWS::Region}-start
```

這裡有 CloudFormation 好用的地方,那讓我們簡單介紹一下。

首先,就像第一個範例中的 !Ref 一樣,!Sub 是另一個內建函式(*https://oreil.ly/NaRtL*),而 !Sub 用於替換字串中的變數,這就是 CloudFormation 偽參數(pseudo parameters)(*https://oreil.ly/LUtMC*)。一般來說,您將自己定義命稱變數,但在這裡,我們指定想要引用的變數,並交由 CloudFormation 用對應的字串替換這些變數。假設我們建立了一個叫做 *my-stack* 的堆疊,帳戶 ID 是 123456,並且在 us-west-2 中建立了該堆疊,那麼該堆疊中的儲存貯體名稱將為 *my-stack-123456-us-west-2-start*。

下一個資源是我們的 SNS 主題。看,沒有屬性!SNS 有可以配置的屬性,但也可以不用配置,就像我們的範例一樣,使用起來非常簡單。

然後我們就有了兩個 Lambda 函式。

BulkEventsLambda 具有引用 SNS 主題的 Amazon 資源名稱（ARN）的環境變數。SNS Topic CloudFormation 文件（*https://oreil.ly/r6oVW*）告訴我們，在主題資源上叫用 !Ref 會返回其 ARN。

對於此 Lambda 的安全性，我們可以從其使用到的資源來分析，這個 Lambda 函式需要從 S3 儲存貯體中讀取資料，因此，我們使用的名稱與最初宣告儲存貯體時使用的名稱相同。另外，我們需要將訊息寫入（或發佈）SNS 主題。對於 SNS 主題，其安全政策不需要 ARN（這是我們在 Topic 資源上叫用 !Ref 時返回的內容），它只需要主題的名稱。為此，我們使用了第三個內建函式——!GetAtt。!GetAtt 允許我們從 CloudFormation 讀取次要返回值。同樣地在查看 SNS 文件時，我們可以看到在請求 TopicName 時返回了該名稱，因此範本上的值為 !GetAtt FanOutTopic.TopicName。

最後，對於 BulkEventsLambda，我們需要宣告事件來源，也就是 S3 儲存貯體，然後在 Event 欄位中宣告我們關心的 S3 事件類型。如果願意，您可以在此處進行更多設定，例如，包括只有某些 S3 鍵值才可以觸發事件的過濾器模式。

如您所料，因為串接的 AWS 資源比較少，SingleEventLambda 顯得更簡單了。對於此函式，我們只需要宣告事件來源，即主題 ARN 所指的 SNS 主題。

部署

部署與您之前看到的類似。同樣地我們使用無伺服器應用程式的原理是，集體地將所有組件一起部署。

部署此應用程式有一個小的變化。由於我們在 S3 儲存貯體名稱中使用了堆疊名稱，因此我們只能在堆疊名稱中使用小寫字母（因為 S3 儲存貯體不能使用大寫字母命名）：

```
$ sam deploy \
  --s3-bucket $CF_BUCKET \
  --stack-name chapter-five-data-pipeline \
  --capabilities CAPABILITY_IAM
```

部署應用程式後，您可以透過 Lambda 應用程式控制台或 CloudFormation 控制台瀏覽已部署的組件。圖 5-11 秀出了在 Lambda 應用程式中的畫面。

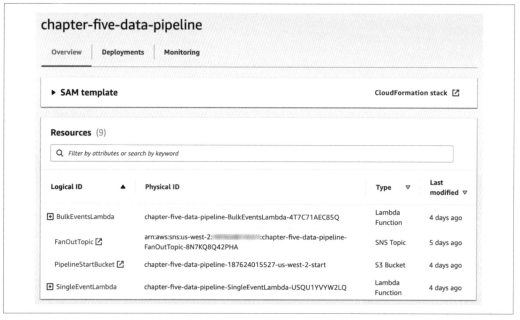

圖 5-11　資料管線的無伺服器應用程式畫面

點擊資源將帶您進入 AWS 控制台細部的部分。要測試此應用程式，我們需要將檔案上傳到 S3。一種選擇是透過 Web 控制台手動執行此操作。

更加自動化的方法如下。

首先，查詢 CloudFormation 以得到 S3 儲存貯體的名稱，並將其指派給 shell 的變數：

```
$ PIPELINE_BUCKET="$(aws cloudformation describe-stack-resource \
   --stack-name chapter-five-data-pipeline \
   --logical-resource-id PipelineStartBucket \
   --query 'StackResourceDetail.PhysicalResourceId' \
   --output text)"
```

接著使用 AWS CLI 將範例檔案上傳：

```
$ aws s3 cp sampledata.json s3://${PIPELINE_BUCKET}/sampledata.json
```

現在，查看 SingleEventLambda 函式的日誌，幾秒鐘後，您將看到分別記錄了每個天氣事件。

恭喜，您已經建立了第二個無伺服器應用程式！

您可以想像,借助 AWS 上的大量服務,甚至是 AWS 之外的服務,我們就可以建立許多不同類型的無伺服器應用程式了!

希望本章能讓您了解到無伺服器應用程式的實作和方法。只需幾分鐘或幾秒鐘即可部署完整的、多組件的、僅包含幾個文字檔案的應用程式,然後在不需要的時候將其拆解,因此可以說 Lambda 提供了應用程式的實驗沙盒環境,而且如果覺得可行,還能直接擴展到實際正式用途。

總結

本章開始,我們了解了如何從其他 AWS 服務觸發 Lambda 函式,理解這一點是擁抱無伺服器架構很重要的第一步。

然後,我們探索了兩個範例伺服器應用程式——可以集體部署的 AWS 資源組。

第一個範例是使用兩個同步叫用的 Lambda 函式以及 API Gateway 和 DynamoDB 所做成的 HTTP API。

第二個範例是一個無伺服器資料管線,該管線包含兩個非同步處理階段,包括扇出設計,並且使用 Lambda、S3 和 SNS。在範例中,我們還探索了如何使用多模組 Maven 專案建立「無伺服器應用程式 MiniMono」。

現在您有了建立無伺服器應用程式的框架。

1. 確定您的應用程式要具有的*行為*。

2. 透過選擇哪些服務面向將被系統實作以及這些服務將如何互動,來設計應用程式的*架構*。

3. 將 *Lambda 程式碼*設計為:

   - 獲取並處理正確的事件類型。
   - 對下游服務執行必要的副作用。
   - 如果需要,請返回正確的回應。

4. 使用 CloudFormation / SAM 範本配置*基礎設施*。

5. 使用正確的 AWS 工具執行*部署*。

到目前為止，我們所有的測試幾乎都需要手動執行，要是使用自動化測試技術，我們如何能做得更好？這就是我們在下一章即將要探討的內容。

練習題

1. Lambda「入門」的另一個重要事件來源是 CloudWatch 排程事件（CloudWatch Scheduled Events），我們可以使用它來建構「無伺服器排程工作（serverless cron jobs）」。請見我們在第 232 頁的「範例：Lambda『cron 排程工作』」，其中描述了 Lambda 的用法，試著建立一個 Lambda 函式，該函式每分鐘運行一次，目前該函式僅在叫用時寫出一條日誌紀錄。有關如何設置此觸發器的資訊，請參閱 SAM 文件（*https://oreil.ly/C_FhY*）。

2. 請更新上一題的排程事件 Lambda，增加發佈 SNS 訊息功能，像是本章前面的 BulkEventsLambda 中的操作，另外還要更新 SNS 主題，使其可以傳送 SMS 或文字訊息到您的手機（關於如何執行此操作，請參閱 AWS 文件（*https://oreil.ly/TrQct*））。

3. 本章中的資料管線範例，兩個 Lambda 之間原本使用 SNS 主題，請換成 SQS 佇列。可參考 Lambda 的文件（*https://oreil.ly/LKekx*）和（*https://oreil.ly/Cbvb3*）。

第六章

測試

良好的測試套件，如房屋的牢固基礎，提供了系統行為的已知基準。該基準使我們放心地添加功能、修復錯誤和重構，而不必擔心會破壞系統的其他部分。當整合到開發工作流程中時，同一測試套件還可以透過簡化維護現有測試和添加新測試的方式，鼓勵良好的習慣做法。

當然，基礎是得來不易的。維護測試的工作必須與測試提供的價值達到平衡。如果我們將全部精力都花在測試上，那麼我們將沒有任何剩餘的時間，可以花在系統的其餘部分。

對於無伺服器應用程式，測試比起以往更加困難，因為很難將有價值的測試和脆弱的技術債務之間劃清界線。幸運的是，我們可以使用一個熟悉的模型來幫助權衡取捨。

測試金字塔

經典的「測試金字塔」（摘自 Mike Cohn 於 2009 年出版的 *Succeeding with Agile*，如圖 6-1 所示）對於幫助我們決定編寫哪種測試非常有用。金字塔的比喻說明了特定層級測試的數量、測試的價值以及編寫、運行和維護它們的成本之間的權衡。

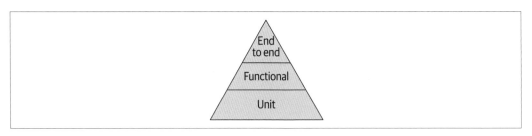

圖 6-1　測試金字塔

在無伺服器的世界中進行測試和在傳統應用程式中進行測試沒有實質上的區別，尤其是在金字塔底層附近。但是，如同由不同組件和服務組成的任何分散式系統一樣，更進階的「端到端」測試同樣更具挑戰性。在本章中，我們將介紹從金字塔底層到頂層的各層級測試過程，並附上大量的範例。

單元測試（Unit Tests）

單元測試是金字塔的基礎——單元測試應在不依賴任何外部相依程式庫（例如資料庫）的情況下，對應用程式組件的特定部分進行測試。單元測試應該快速執行，並且我們應該能夠在開發過程中定期（甚至自動）運行它們，而無須進行任何配置，也無須網絡存取。我們應該根據需要進行可能的單元測試，以使我們確定程式碼可以正常工作。單元測試不僅涵蓋「Happy Path」，而且還徹底解決極端情況和錯誤處理。即使是小型應用程式，也可能具有數十個或數百個單元測試。

功能測試（Functional Tests）

在金字塔的中間是功能測試。與單元測試一樣，這些測試應快速執行，並且不應依賴外部相依程式庫。與單元測試不同的是，我們可能必須模擬或虛設那些外部相依程式庫，才能滿足被測組件運行時的要求。

我們的功能測試不是嘗試詳盡地執行程式碼的每個邏輯分支，而是針對組件的主要程式碼邏輯，並且特別留意故障時是否有我們所想要的行為模式。

端到端測試（End-to-End Tests）

金字塔的頂層是端到端測試。端到端測試（通常透過普通用戶介面或 API）將輸入傳送給應用程式，然後對輸出或副作用判斷是否符合需求邏輯。與功能測試不同，我們會在類似的正式環境中（一個獨立的、模擬正式環境的環境），針對應用程式和其所包含的相依程式庫進行端到端測試。

由於端到端測試的運行成本比功能測試和單元測試來的高（就執行時間和基礎設施成本而言），因此通常只需測試一些重要的案例。好的經驗法則是至少進行一次端到端測試，以涵蓋透過應用程式的最重要邏輯功能（例如，在線購物應用程式中的購買功能）。

為測試重構

我們將以第五章中建立的無伺服器資料管線為基礎，建立一套單元、功能和端到端測試。在開始之前，讓我們做一些重構（refactoring），以使我們的資料管線 Lambda 更容易測試。

回顧上一節，單元測試將檢測我們應用程式的特定組成部分。對我們而言，我們指的是構成 Lambda 函式的 Java 類別中的方法。我們想要為這些方法來編寫輸入供測試，並判斷那些方法的輸出（或副作用）正是我們所期望的。

副作用

在計算機科學中，可以將**副作用**視為叫用函式或方法的範圍之外可以觀察到的效果。例如，如果 Java 方法將輸出寫入檔案中或進行 HTTP 叫用，則稱該方法具有副作用。甚至「唯讀」操作也可能具有可觀察到的副作用，例如修改系統檔案描述符或打開網路插座（network socket）。

在測試應用程式時，重要的是驗證應用程式及其可能產生的任何副作用的結果。

首先，讓我們回顧一下 BulkEventsLambda，這個相對簡單的 Lambda 函式與兩個外部 AWS 服務（S3 和 SNS）進行互動，以及序列化和反序列化 JSON 資料，同時也請您牢記「測試金字塔」的單元測試和功能測試的部分。

重新認識 BulkEventsLambda

每當檔案上傳到特定的 S3 儲存貯體時，都會觸發 BulkEventsLambda，處理常式方法被 S3Event 物件叫用。對於該事件中的每個 S3EventNotificationRecord，Lambda 都會從 S3 儲存貯體中檢索 JSON 檔案，每個 JSON 檔案可能包含零個或多個 JSON 物件，針對每個 JSON 檔案，Lambda 其反序列化為 WeatherEvent Java 物件的集合。然後，將每一個 Java 物件序列化為 String 並發佈到 SNS 主題。最後，Lambda 函式將日誌條目寫入 STDOUT（並因此寫入 CloudWatch Logs），以陳述發送到 SNS 的天氣事件的數量。

您在第五章中看到的程式碼是為了清楚起見而編寫和組織的，但不一定易於測試。因此，讓我們看一下 BulkEventsLambda 類別中的四個方法。

首先，handler 方法，其將接收 S3Event 物件：

```
public void handler(S3Event event) {
  event.getRecords().forEach(this::processS3EventRecord);
}
```

這是可從類別外部存取的唯一方法，無須進行重構，這意味著對該類別的任何測試都必須使用 S3Event 物件叫用該方法。此外，該方法具有 void 返回類型，因此判斷函式執行成功或失敗很困難。

接著，我們看到此方法為每個傳入事件叫用 processS3EventRecord：

```
private void processS3EventRecord(
    S3EventNotification.S3EventNotificationRecord record) {

  final List<WeatherEvent> weatherEvents = readWeatherEventsFromS3(
    record.getS3().getBucket().getName(),
    record.getS3().getObject().getKey());

  weatherEvents.stream()
    .map(this::weatherEventToSnsMessage)
    .forEach(message -> sns.publish(snsTopic, message));

  System.out.println("Published " + weatherEvents.size()
    + " weather events to SNS");
}
```

此方法是私有的（private），因此如果不將能見度更改為「預設」（package-private）（將 private 關鍵字刪除），就無法進行測試。像處理常式函式一樣，它具有 void 返回類型，因此我們所做的任何判斷都是副作用，而不是方法的返回值。此方法有兩個明顯的副作用：

- System.out.println 被叫用。

- sns.publish 被叫用，它將 SNS 訊息發送到 snsTopic 欄位對應的主題。因為這是一個 AWS SDK 叫用，所以其他環境和系統屬性必須考慮：
  - 適當的 AWS 配置必須到位並且正確。
  - 必須可以透過網路存取已配置區域的 AWS API 終端節點。
  - 命名的 SNS 主題必須存在。
  - 我們使用的 AWS 憑證必須有權存取該 SNS 主題。

要按書面要求叫用 processS3EventRecord，我們必須提前解決所有這些問題。對於單元測試，這是不可接受的開銷。

此外，如果我們還想判斷 processS3EventRecord 是否可以正確運行，則需要一種方法來知道 SNS 訊息已發送到正確的主題。這種方法就是在我們的測試過程中訂閱 SNS 主題，然後等待期望的訊息顯示出來。和之前一樣，這對於單元測試來說是不可接受的開銷。

在 Java 中測試這些副作用的一種常用方法是使用 Mockito（*https://site.mockito.org*）之類的工具來模擬（mock）或虛設負責這些副作用的類別。透過使用外觀和行為類似 AWS SDK 之類的物件，避免實際設置真正的 SNS 主題，這使我們能夠測試產生副作用的應用程式類別。使用類似參數捕獲（*https://oreil.ly/GPdlH*）的技術，模擬物件還可以保存叫用它們的參數，讓我們可以判斷它們的叫用方式——在這種情況下，我們可以判斷 sns.publish 是否被正確的主題名稱和訊息所叫用。

要使用這樣的模擬 AWS SDK 的物件，我們需要一種將其注入到受測類別的方法——通常是透過具有適當參數的建構子來傳入的。BulkEventsLambda 沒有這樣的建構子，因此我們需要添加一個建構子才能使用模擬物件。

readWeatherEventsFromS3 方法是另一個具有副作用的方法的範例，在這種情況下為遠程 API 叫用。在這種情況下，它將使用 AWS S3 SDK 客戶端的 getObject 叫用並從 S3 下載資料。

然後將該資料反序列化為 WeatherEvent 的物件集合，並返回給叫用方：

```java
private List<WeatherEvent> readWeatherEventsFromS3(String bucket, String key) {
  try {
    final S3ObjectInputStream s3is =
      s3.getObject(bucket, key).getObjectContent();
    final WeatherEvent[] weatherEvents =
      objectMapper.readValue(s3is, WeatherEvent[].class);
    s3is.close();
    return Arrays.asList(weatherEvents);
  } catch (IOException e) {
    throw new RuntimeException(e);
  }
}
```

此方法執行兩項截然不同的事情——從 S3 下載資料**並**反序列化該資料，這些動作的組合使我們更難獨立地測試每個功能。如果我們想測試在 JSON 反序列化過程中對錯誤的處理是否如我們預期，那我們仍然必須確保該方法的輸入具有正確的 S3 儲存貯體和密鑰，就算這樣的配置與 JSON 處理無關。

最後，weatherEventToSnsMessage 應該是個易於測試的方法（如果在 BulkEventsLambda 類別之外是可見的，也就是能見度至少是預設以上）。它使用單個 WeatherEvent 物件並返回一個 String，並且不會引起任何副作用。

重構 BulkEventsLambda

回顧了 BulkEventsLambda 中的四種方法之後，我們可以做一些調整，減少啟用單元和功能測試的前置開銷：

- 透過建構子參數啟用模擬 AWS SDK 類別的注入。

- 隔離副作用，因此無須使用模擬即可測試大多數方法。

- 拆分方法，讓大多數方法只能做一件事。

加入建構子

考慮到這些因素，讓我們開始添加一些建構子：

```
public BulkEventsLambda() {
  this(AmazonSNSClientBuilder.defaultClient(),
    AmazonS3ClientBuilder.defaultClient());
}

public BulkEventsLambda(AmazonSNS sns, AmazonS3 s3) {
  this.sns = sns;
  this.s3 = s3;
  this.snsTopic = System.getenv(FAN_OUT_TOPIC_ENV);

  if (this.snsTopic == null) {
    throw new RuntimeException(
      String.format("%s must be set", FAN_OUT_TOPIC_ENV));
  }
}
```

現在，我們有兩個建構子。正如我們在第三章中了解的，當第一次運行我們的函式時，Lambda 執行時間將叫用無參數的預設建構子。該預設建構子將創建一個 AWS SDK SNS 客戶端和一個 S3 客戶端，並將這兩個物件傳遞給第二個建構子（此技術稱為**建構子鏈結**（constructor chaining））。

由於第二個建構子將這些客戶端物件作為參數，因此在測試中，我們可以使用這個建構子，並傳入 AWS SDK 客戶端的模擬物件，以實體化 BulkEventsLambda 類別。除此之外，這個建構子還會讀取 FAN_OUT_TOPIC 環境變數，如果未設置則拋出異常。

隔離副作用

我們從 BulkEventsLambda 審查中注意到了三個副作用：

- 從 S3 下載一個 JSON 檔案。

- 發佈一則訊息到 SNS 主題。

- 寫一個日誌項目到 STDOUT。

前兩個副作用對測試環境施加了許多先決條件，進而減慢了測試的執行速度，並使測試的編寫更加複雜。雖然我們的確是想測試這些副作用（同時使用模擬和實際的 AWS 服務），但將它們隔離並且減少它們的使用，將會使我們的單元測試變得簡單且快速。

有了這個概念之後，讓我們來看看這兩個隔離 AWS 副作用的新方法：

```java
private void publishToSns(String message) {
  sns.publish(snsTopic, message);
}

private InputStream getObjectFromS3(
    S3EventNotification.S3EventNotificationRecord record) {

  String bucket = record.getS3().getBucket().getName();
  String key = record.getS3().getObject().getKey();
  return s3.getObject(bucket, key).getObjectContent();
}
```

第一種方法 publishToSns 使用 String 參數當作其訊息發佈到 SNS 主題。第二個方法 getObjectFromS3 讀取 S3EventNotification 紀錄，並從 S3 下載相應的檔案。

現在，從重構的 handler 中叫用這兩個方法，在該方法中可以實現副作用的隔離：

```java
public void handler(S3Event event) {

  List<WeatherEvent> events = event.getRecords().stream()
    .map(this::getObjectFromS3)
    .map(this::readWeatherEvents)
    .flatMap(List::stream)
    .collect(Collectors.toList());
```

```
// 序列化並發佈 WeatherEvent 訊息到 SNS
events.stream()
  .map(this::weatherEventToSnsMessage)
  .forEach(this::publishToSns);

System.out.println("Published " + events.size()
  + " weather events to SNS");
}
```

這個新的 handler 還有很多事情要做，但是現在請注意，getObjectFromS3 和 publishToSns 是從這裡叫用的（別無他所）。

拆解方法

除了隔離副作用之外，新的 handler 現在還包含許多處理邏輯。這似乎讓我們的函式更加複雜了，但是這種用邏輯解構並連結的安排，以及單一用途的方法，可讓單元測試更為簡單。在這種情況下，readWeatherEvents 方法不再需要存取 S3（或模擬 S3 客戶端）。其唯一目的是將 InputStream 反序列化為 WeatherEvent 物件集合並處理錯誤（透過遇到錯誤就拋出 RuntimeException，這將終止 Lambda 函式）。

```
List<WeatherEvent> readWeatherEvents(InputStream inputStream) {
  try (InputStream is = inputStream) {
    return Arrays.asList(
      objectMapper.readValue(is, WeatherEvent[].class));
  } catch (IOException e) {
    throw new RuntimeException(e);
  }
}
```

請注意，我們現在正在使用 Java 的 **try-with-resources** 功能（*https://oreil.ly/LxRNY*），只要使用結束或是有錯誤的發生，將自動關閉輸入串流。我們還從此方法和 weatherEventToSnsMessage 方法中刪除了 private 關鍵字，因此可以視需要，在我們的測試類別中存取並測試它們。

測試 BulkEventsLambda

重構之後，我們為 BulkEventsLambda 新增了一些單元測試。

單元測試

這些測試完全不受副作用影響——我們無須配置或連接到任何 AWS 服務或任何其他外部相依程式庫。將外部服務隔離還讓這些測試可以在短短幾毫秒內快速執行。因為 BulkEventsLambda 很簡單，所以我們只有幾個使用這種樣式編寫的單元測試，而且即使是數百個這樣的測試也能在幾秒鐘內運行完成。

Maven Surefire

Maven 若使用 Surefire 插件（*https://oreil.ly/aHfsc*），則在建構生命週期（build lifecycle）的「測試」階段自動執行基於 JUnit 的單元測試。我們不必增加任何特定的配置，只要我們的測試類別以單字 *Test* 結尾，並且我們自己的測試本身都使用 @Test(org.junit.Test) 正確地註釋，該配置將自動發生。

如果我們想單獨地執行單元測試（和功能測試，如我們將在下一節中看到的），則可以透過執行 mvn test 命令來執行。

BulkEventsLambda 的 readWeatherEvents 方法的單元測試如下：

```
public class BulkEventsLambdaUnitTest {

  @Test
  public void testReadWeatherEvents() {

    // 測試資料
    InputStream inputStream =
      getClass().getResourceAsStream("/bulk_data.json");

    // 建立 Lambda 函式並叫用
    BulkEventsLambda lambda =
      new BulkEventsLambda(null, null);
    List<WeatherEvent> weatherEvents =
      lambda.readWeatherEvents(inputStream);

    // 判斷結果
    Assert.assertEquals(3, weatherEvents.size());

    Assert.assertEquals("Brooklyn, NY",
      weatherEvents.get(0).locationName);
    Assert.assertEquals(91.0,
      weatherEvents.get(0).temperature, 0.0);
    Assert.assertEquals(1564428897L,
```

```
        weatherEvents.get(0).timestamp, 0);
    Assert.assertEquals(40.7,
      weatherEvents.get(0).latitude, 0.0);
    Assert.assertEquals(-73.99,
      weatherEvents.get(0).longitude, 0.0);

    Assert.assertEquals("Oxford, UK",
      weatherEvents.get(1).locationName);
    Assert.assertEquals(64.0,
      weatherEvents.get(1).temperature, 0.0);
    Assert.assertEquals(1564428897L,
      weatherEvents.get(1).timestamp, 0);
    Assert.assertEquals(51.75,
      weatherEvents.get(1).latitude, 0.0);
    Assert.assertEquals(-1.25,
      weatherEvents.get(1).longitude, 0.0);

    Assert.assertEquals("Charlottesville, VA",
      weatherEvents.get(2).locationName);
    Assert.assertEquals(87.0,
      weatherEvents.get(2).temperature, 0.0);
    Assert.assertEquals(1564428897L,
      weatherEvents.get(2).timestamp, 0);
    Assert.assertEquals(38.02,
      weatherEvents.get(2).latitude, 0.0);
    Assert.assertEquals(-78.47,
      weatherEvents.get(2).longitude, 0.0);
  }

}
```

為了方便起見，我們從磁碟上的 JSON 檔案讀取輸入資料。接著，我們要建立 BulkEventsLambda 的實體。請注意，此處創建實體時的 SNS 和 S3 參數都設定為 null，因為此測試完全不需要它們。如果 readWeatherEvents 方法被叫用，那我們可以確定它產生了正確的物件。

我們可以透過更少的程式碼來測試錯誤案例：

```
public class BulkEventsLambdaUnitTest {

  @Rule
  public ExpectedException thrown = ExpectedException.none();

  @Rule
  public EnvironmentVariables environment = new EnvironmentVariables();
```

```
@Test
public void testReadWeatherEventsBadData() {

  // 測試資料
  InputStream inputStream =
    getClass().getResourceAsStream("/bad_data.json");

  // 期望的異常
  thrown.expect(RuntimeException.class);
  thrown.expectCause(
    CoreMatchers.instanceOf(InvalidFormatException.class));
  thrown.expectMessage(
    "Can not deserialize value of type java.lang.Long from String");

  // 叫用
  BulkEventsLambda lambda = new BulkEventsLambda(null, null);
  lambda.readWeatherEvents(inputStream);
  }

}
```

在這裡，我們使用 JUnit Rule（*https://oreil.ly/YeLiW*）協助判斷我們的方法是否拋出了預期類型的異常。

隨著單元測試的演進，單元測試變得既簡單又有效。對於更複雜的 Lambda 函式，我們可能會進行數十種這樣的測試，並視需要測試盡可能多的商業邏輯和邊緣案例。

功能測試

與單元測試一樣，我們希望功能測試無須連接到 AWS 即可運行。但是，與單元測試不同的是，我們希望將 Lambda 函式作為單個組件進行測試，這表示我們必須模擬程式碼和雲端溝通的情況！為了完成這種壯舉，我們將使用 Mockito 建構 AWS SDK 客戶端的「模擬」（mock）實體，這些模擬實體被配置成只要特定的方法被叫用，就會返回特定的回應。例如，如果我們的程式碼使用 S3 客戶端叫用 getObject 方法，則模擬程式將返回包含固定測試資料的 S3Object。

功能測試的「快樂路徑」（happy path）如下：

```
public class BulkEventsLambdaFunctionalTest {

  @Test
  public void testHandler() throws IOException {

    // 設置模擬 AWS SDK 客戶端
```

```java
AmazonSNS mockSNS = Mockito.mock(AmazonSNS.class);
AmazonS3 mockS3 = Mockito.mock(AmazonS3.class);

// 設置測試 S3 event
S3Event s3Event = objectMapper
  .readValue(getClass()
  .getResourceAsStream("/s3_event.json"), S3Event.class);
String bucket =
  s3Event.getRecords().get(0).getS3().getBucket().getName();
String key =
  s3Event.getRecords().get(0).getS3().getObject().getKey();

// 設置 S3 返回值
S3Object s3Object = new S3Object();
s3Object.setObjectContent(
  getClass().getResourceAsStream(String.format("/%s", key)));
Mockito.when(mockS3.getObject(bucket, key)).thenReturn(s3Object);

// 設置環境
String topic = "test-topic";
environment.set(BulkEventsLambda.FAN_OUT_TOPIC_ENV, topic);

// 建構 Lambda 函式類別並叫用 handler
BulkEventsLambda lambda = new BulkEventsLambda(mockSNS, mockS3);
lambda.handler(s3Event);

// 捕獲輸出 SNS 訊息
ArgumentCaptor<String> topics =
  ArgumentCaptor.forClass(String.class);
ArgumentCaptor<String> messages =
  ArgumentCaptor.forClass(String.class);
Mockito.verify(mockSNS,
  Mockito.times(3)).publish(topics.capture(),
    messages.capture());

// 結果判斷
Assert.assertArrayEquals(
  new String[]{topic, topic, topic},
  topics.getAllValues().toArray());
Assert.assertArrayEquals(new String[]{
  "{\"locationName\":\"Brooklyn, NY\",\"temperature\":91.0,"
    + "\"timestamp\":1564428897,\"longitude\":-73.99,"
    + "\"latitude\":40.7}",
  "{\"locationName\":\"Oxford, UK\",\"temperature\":64.0,"
    + "\"timestamp\":1564428898,\"longitude\":-1.25,"
    + "\"latitude\":51.75}",
  "{\"locationName\":\"Charlottesville, VA\",\"temperature\":87.0,"
```

```
        +  "\"timestamp\":1564428899,\"longitude\":-78.47,"
        +  "\"latitude\":38.02}"
    }, messages.getAllValues().toArray());
  }
}
```

您應該注意的第一件事是，此測試比我們的單元測試要長得多。因為此處需要很多的前置作業、設置模擬物件和配置環境，才能使 Lambda 函式的 handler 認為它正在雲中運行。

第二件要注意的事情是，我們正在磁碟上讀取檔案資料，*s3_event.json* 是透過 sam 指令生成的檔案：

```
$ sam local generate-event s3 put > src/test/resources/s3_event.json
```

之後我們變換 key 欄位的值，改指向別的本地端檔案 *bulk_data.json*，此檔案將代替我們存在 S3 的天氣資料：

```
{
  "Records": [
    {
      ...
      "s3": {
        "bucket": {
          "name": "example-bucket",
          ...
        },
        "object": {
          "key": "bulk_data.json",
        }
      }
    }
  ]
}
```

我們模擬的 S3 客戶端在 s3.getObject 函式被呼叫時，會返回 *bulk_data.json* 檔案中的內容。

JSON 檔案轉成 Java 物件

使用 Jackson 程式庫（*https://oreil.ly/P07R8*）提供的功能，可以輕鬆地將 JSON 檔案反序列化成某些事件類型。這使我們可以使用 sam CLI 生成的事件，或是從各種 AWS 管理主控台資源複製的範例事件。

但是，某些事件使用舊的 JSON 格式，如果沒有額外的配置，這些格式是無法被解析的。關於完整範例，請見範例專案中的 SingleEventLambdaFunctionalTest，以下是部分程式碼：

```java
public class SingleEventLambdaFunctionalTest {

  private final ObjectMapper objectMapper = new ObjectMapper()
    .registerModule(new JodaModule())
    .enable(MapperFeature.ACCEPT_CASE_INSENSITIVE_PROPERTIES);

  ...

  @Test
  public void testHandler() throws IOException {

    // 建置 SNS 測試事件
    SNSEvent snsEvent = objectMapper.readValue(getClass()
      .getResourceAsStream("/sns_event.json"), SNSEvent.class);

    // 建構 Lambda 函式類別並叫用 handler
    SingleEventLambda lambda = new SingleEventLambda();
    lambda.handler(snsEvent);

    ...

  }

}
```

在這裡，我們必須更改 Jackson ObjectMapper 配置，讓其使用其他模組進行日期處理和解析屬性名稱時不用考慮大小寫。如果您要嘗試測試難以從 JSON 解析的事件類型，您可以退一步回來使用 Java 物件代替！

我們可以依下面方式重寫先前的測試，這樣就不必處理 JSON 反序列化：

```java
@Test
public void testHandlerNoJackson() throws IOException {

  // 建置 SNS 測試事件、內容、紀錄
  SNSEvent.SNS snsContent = new SNSEvent.SNS()
    .withMessage("{\"locationName\":\"Brooklyn, NY\","
      + "\"temperature\":91.0,\"timestamp\":1564428897,"
      + "\"longitude\":-73.99,\"latitude\":40.7}");
```

```
            SNSEvent.SNSRecord snsRecord =
              new SNSEvent.SNSRecord().withSns(snsContent);
            SNSEvent snsEvent =
              new SNSEvent()
                .withRecords(Collections.singletonList(snsRecord));

            // 建構 Lambda 函式類別並叫用 handler
            SingleEventLambda lambda = new SingleEventLambda();
            lambda.handler(snsEvent);

            Assert.assertEquals(
              "Received weather event:\nWeatherEvent{"
                + "locationName='Brooklyn, NY', temperature=91.0, "
                + "timestamp=1564428897, longitude=-73.99, "
                + "latitude=40.7}\n"
              , systemOutRule.getLog());
            }

        }
```

這避免了配置 Jackson，但結果是需要大量的樣板來建構所需的 SNSEvent 物件。我們建議混合使用這兩種方法，取決於事件物件的復雜性和情況。

最後，我們要判斷 BulkEventsLambda 是否能正確地將訊息發佈到 SNS 上，但實際上卻沒有將訊息發送到 AWS。在這裡，我們使用模擬的 SNS 客戶端捕獲傳遞到 sns.publish 方法的參數。如果使用正確的參數叫用該方法，達到預期的次數，則測試通過。

另一個功能測試要判斷的是，如果 Lambda 函式接收到錯誤的輸入資料，則會引發異常。最後一個測試判斷如果未設置 FAN_OUT_TOPIC 環境變數，則會引發異常。

相較於單元測試，這些功能測試的編寫更加複雜，執行時間更長，但它們使我們相信，當 Lambda 運行中使用 S3Event 物件叫用 handler 時，BulkEventsLambda 將會如我們預期般地運行。

端到端測試

憑藉從單元測試和功能測試獲得的信心，我們可以將最複雜、最昂貴的測試重點放在應用的關鍵路徑上。我們還可以利用我們的「基礎設施即程式碼」方法，將伺服器應用程式和基礎設施的完整版本部署到 AWS，其唯一目的是運行端到端測試。在測試完成並且得知結果如我們預期後，就將測試的資源全部拆除、清理掉。

要運行端到端測試，我們只需要執行 mvn verify 指令。指令下達後，Maven 將使用 Maven Failsafe 插件，該插件查詢以 *IT* 結尾的測試類別，並使用 JUnit 運行它們。在這種情況下，IT 代表整合測試，但這僅是 Maven 命名規則──如果需要，我們也可以將 Failsafe 插件配置為使用其他後綴。

對於端到端測試，我們將完全像在正式環境中一樣使用應用程式。我們將 JSON 檔案上傳到 S3 儲存貯體，然後判斷 SingleEventLambda 是否會生成正確的 CloudWatch Logs 輸出。從測試的角度來看，我們並不清楚無伺服器應用程式的運行邏輯是什麼，僅知道什麼是正確的結果。

測試函式的主要程式碼如下：

```java
@Test
public void endToEndTest() throws InterruptedException {
  String bucketName = resolvePhysicalId("PipelineStartBucket");
  String key = UUID.randomUUID().toString();
  File file = new File(getClass().getResource("/bulk_data.json").getFile());

  // 1. 上傳 bulk_data 檔案到 S3
  s3.putObject(bucketName, key, file);

  // 2. 檢查 SingleEventLambda 是否執行
  Thread.sleep(30000);
  String singleEventLambda = resolvePhysicalId("SingleEventLambda");
  Set<String> logMessages = getLogMessages(singleEventLambda);
  Assert.assertThat(logMessages, CoreMatchers.hasItems(
    "WeatherEvent{locationName='Brooklyn, NY', temperature=91.0, "
      + "timestamp=1564428897, longitude=-73.99, latitude=40.7}",
    "WeatherEvent{locationName='Oxford, UK', temperature=64.0, "
      + "timestamp=1564428898, longitude=-1.25, latitude=51.75}",
    "WeatherEvent{locationName='Charlottesville, VA', temperature=87.0, "
      + "timestamp=1564428899, longitude=-78.47, latitude=38.02}"
  ));

  // 3. 從 S3 儲存貯體中刪除物件（以進行乾淨的 CloudFormation 拆除）
  s3.deleteObject(bucketName, key);

  // 4. 刪除 Lambda 日誌組
  logs.deleteLogGroup(
    new DeleteLogGroupRequest(getLogGroup(singleEventLambda)));
  String bulkEventsLambda = resolvePhysicalId("BulkEventsLambda");
  logs.deleteLogGroup(
    new DeleteLogGroupRequest(getLogGroup(bulkEventsLambda)));
}
```

以下是此範例中最值得注意的幾點：

- 該測試從 CloudFormation 堆疊中解析 S3 儲存貯體的實際名稱（用 AWS 術語來說，是「實體 ID」（physical ID））。這種資源發現技術很有用，因為它使我們能夠部署能自動產生自身名稱的堆疊，也可以套用這名稱到堆疊中的資源上，將其作為資源名稱的一部分。這代表我們可以在同一帳戶甚至同一區域中多次部署相同的應用程式，而且每次 CloudFormation 堆疊會產生不同的名稱。

- 為簡單起見，我們的測試僅休眠 30 秒，然後檢查 `SingleEventLambda` 是否已執行。另一種方法是主動輪詢 CloudWatch Logs，這將更可靠，但明顯地更複雜。

- 在測試方法的最後，我們僅清理了一些資源。這樣做是為了如果測試失敗，這些資源仍然可以幫助我們調查失敗原因。如果我們使用了 JUnit 的 `@After` 功能，那麼即使測試失敗也會進行清理，進而妨礙了調查。

現在，您已經了解了測試方法，讓我們看看如何設置和拆除測試基礎設施。先看看如何配置。為了運行我們的端到端測試，我們需要確保 S3 儲存貯體、SNS 主題和 Lambda 函式已經準備就緒。但是我們不想單獨創建這些資源，因此我們要使用和正式環境相同的 SAM *template.yaml* 檔案。

在此範例中，我們使用 Maven「exec」插件來連接到建構生命週期的「預整合」階段，該階段將在端到端測試之前執行。不要因為在這裡使用到了 Maven 而感到不安，您可以使用簡單的 Shell 腳本或 Makefile 輕鬆地完成此操作。重要的是，我們使用與正式環境相同的 *template.yaml* 檔案，並在可能的情況下使用相同的 AWS CLI 指令來部署我們的應用程式。不過在這之前，請先在父級 *pom.xml* 中增加以下敘述：

```
<plugin>
  <groupId>org.codehaus.mojo</groupId>
  <artifactId>exec-maven-plugin</artifactId>
  <executions>
    <execution>
      <id>001-sam-deploy</id>
      <phase>pre-integration-test</phase>
      <goals>
        <goal>exec</goal>
      </goals>
      <configuration>
        <basedir>${project.parent.basedir}</basedir>
        <executable>sam</executable>
        <arguments>
          <argument>deploy</argument>
          <argument>--s3-bucket</argument>
```

```
            <argument>${integration.test.code.bucket}</argument>
            <argument>--stack-name</argument>
            <argument>${integration.test.stack.name}</argument>
            <argument>--capabilities</argument>
            <argument>CAPABILITY_IAM</argument>
          </arguments>
        </configuration>
      </execution>
    </executions>
  </plugin>
```

如同上面所示，需要增加很多行的 XML，才能讓我們使用和第五章中相同的參數來叫
用 SAM CLI 二進制檔案。

另外可以看到在父級 *pom.xml* 檔案中，多了 ${integration.test.code.bucket} 和
${integration.test.stack.name} 屬性的定義，如下：

```
<properties>
  <maven.build.timestamp.format>
    yyyyMMddHHmmss
  </maven.build.timestamp.format>
  <integration.test.code.bucket>
    ${env.CF_BUCKET}
  </integration.test.code.bucket>
  <integration.test.stack.name>
    chapter6-it-${maven.build.timestamp}
  </integration.test.stack.name>
</properties>
```

Maven 在執行時會使用 $CF_BUCKET 環境變數的值來替換 ${integration.test.code.bucket}
的值，該變數已在前面的章節中使用過。*pom.xml* 文件（*https://oreil.ly/FIl7J*）可以透過
${maven.build.timestamp.format} 讓 Maven 建構一個人類可讀的數字時間戳記，然後將
其作為 ${integration.test.stack.name} 的一部分。這個時間戳記為我們提供了（幾乎）
唯一的 CloudFormation 堆疊名稱，因此可以使用相同的 AWS 帳戶和區域同時運行多個
端到端測試（只要它們不在同一秒內啟動！）。

我們在此 Maven 配置中看不到任何 AWS 憑證。由於 Maven 會透過「exec」插件自動獲
取環境變數，因此它將使用我們在前幾章中一直使用的 AWS 環境變數，而無須其他任
何配置。

配置 AWS SDK 和 CLI 比較

AWS CLI 從兩個檔案 ~/.aws/config 和 ~/.aws/credentials 中提取配置。不幸的是，儘管 AWS Java SDK V1 也可以提取兩個檔案裡的配置，但它的解析方式與 CLI 不同。

雖然 AWS CLI 會在 ~/.aws/config 檔案中使用配置檔案前綴，但 AWS SDK 並未使用。這表示 AWS SDK 無法解析其中要使用的部分。因此為了使「端到端」測試成功運行，我們需要在 ~/.aws/config 檔案中增加一個部分，如下所示：

```
[default]
region = us-west-2
```

如果您使用其他命名的配置檔案，只需將預設名稱（default）替換為該配置檔案名稱即可。

或者，可以設置 AWS_REGION 變數以達到相同的效果，像是在 CodeBuild 之類的 AWS 管理環境中，設置是自動完成的。

在大多數情況下，您應該為測試環境使用單獨的 AWS 帳戶，以隔離正式環境和測試環境的基礎設施和資料。因此，只需透過環境變數提供一組不同的 AWS 憑證即可。

在執行完端到端測試之後，拆解 CloudFormation 堆疊的工作方式和配置資源類似，不過這次是 Maven 在「整合後測試（post-integration-test）」生命週期階段，設置如下：

```xml
<execution>
  <id>001-cfn-delete</id>
  <phase>post-integration-test</phase>
  <goals>
    <goal>exec</goal>
  </goals>
  <configuration>
    <basedir>${project.parent.basedir}</basedir>
    <executable>aws</executable>
    <arguments>
      <argument>cloudformation</argument>
      <argument>delete-stack</argument>
      <argument>--stack-name</argument>
      <argument>${integration.test.stack.name}</argument>
    </arguments>
  </configuration>
</execution>
```

現在，我們到達了測試金字塔的最頂層。端到端測試帶來了很多價值：如同在正式環境中一樣地部署整個應用程式，並確保其關鍵路徑如預期般執行。但是，隨著價值的增加，成本也提高了，因為我們需要大量額外的配置來裝卸程式碼，以確保測試可以重複運行，並且與特定的 AWS 帳戶或區域沒有任何關聯。儘管做出了這些努力，但是該測試仍然脆弱，像是容易受到供應商中斷、環境變化以及透過全球網路的不穩定等不確定因素影響。

換句話說，與單元測試和功能測試相比，我們的端到端測試很脆弱，維護成本很高。因此，您不該寫太多的端到端測試，反而要靠更多低成本的測試來保障您的應用程式才是。

本地端雲端測試

多年來，良好的開發流程都具有一個天生無懈可擊的特性，此特性就是能夠在本地運行整個應用程式或系統，而無須佔用任何外部資源。對於傳統的桌面或伺服器應用程式，這可能只是運行應用程式本身，或者僅運行應用程式和資料庫。另外對於 Web 應用程式，要求可能包括反向代理、Web 伺服器和作業佇列。

但是，當我們開始使用雲端服務時，要怎樣做本地端測試呢？我們可能會想嘗試使用像 localstack（*https://oreil.ly/TbcEo*）和 `sam local`（第 157 頁的「sam local invoke」）之類的工具來實現和以前類似的本地開發流程。這種方法乍看之下似乎很可行，但很快地使我們與雲優先的架構背道而馳，因為在該架構中，我們想充分利用雲端服務供應商提供的可擴展、可靠、完全託管的服務，另外最重要的是，這會限制服務，這些服務必須符合我們本地端的開發流程，但這根本是本末倒置！

因為本地開發環境和雲端環境之間存在一個很嚴重的問題，這問題是服務的保真度：服務（例如 S3、DynamoDB 或 Lambda）的本地版本根本不可能具有與雲版本相同的屬性。即使本地端的類似服務由供應商提供（在本例中為 AWS），它也至少會出現以下一些問題：

- 缺少功能
- 不同（或不存在）的控制層行為（例如：創建 DynamoDB 資料表）
- 不同的擴展行為

- 不同的延遲（例如：與雲服務相比，本地模擬的延遲極低）

- 不同的故障模式

- 不同（或沒有）安全控制

在不時遇到這些問題之後，我們建議更務實的做法：我們廣泛依賴單元測試來驗證特定功能的行為，並且在開發各個 Lambda 函式期間，使用這些測試快速迭代。功能測試使用模擬或虛設代替 AWS SDK 客戶端和其他外部相依程式庫測試 Lambda 函式的功能。最後，使用成熟的端到端測試，我們可以使用和正式環境中相同的 SAM 基礎設施範本和 CLI 指令，在雲端中執行整個應用程式。

---

sam local invoke

SAM CLI 提供了幾種有搭配或沒搭配 API Gateway 的本地執行 Lambda 函式方法。儘管這些方法對於簡短的臨時測試很有用，但與實際的雲端服務相比，Lambda 函式的本地執行環境缺乏了保真度，因此我們可以看到使用 sam local invoke，會以兩種不同的方式表現出這種保真度不足。

首先，雖然 sam local invoke 會透過解析 *template.yaml* 檔案，找到相關 Lambda 資源、路徑和本地程式碼的 artifact，它不執行任何種類的 SAM（或 CloudFormation）其更高層級的驗證或資源的範本結構。

其次，執行時間環境本身與實際的 Lambda 平台有所不同。例如，我們可以隨意地設置 Lambda 函式的本地快取大小，即使這大小在 Lambda 平台上是不被允許的，但 sam local invoke 不會對它有任何的限制。

個別來看，這些問題（以及其他類似問題）都不是很重要。真正的危險是，開發人員透過 sam local invoke 驗證，並認為 Lambda 函式可以在本地端執行之後，即使換成雲端中運行也不會出錯的想法。大多數情況是，開發人員將應用程式部署上雲端後會發現本地端所沒有的新問題。

有鑑於 Lambda 程式設計模型的簡單性，目前尚不清楚 sam local invoke 未來是否會具有足夠的使用價值（綜觀本章所述的單元測試和功能測試），因此我們不建議使其成為本地測試過程的一部分。

雲端測試環境

對於我們本章中描述的單元測試和功能測試，使用 Java、Maven 和您最喜歡的 IDE 的本地環境就可以運行了。對於端到端測試，您需要存取一個 AWS 帳戶。對於一個單獨地工作的開發人員來說，這一切都是直接明瞭的，但是當為一個龐大的團隊工作時，它就會變得更加複雜。

當您作為一個龐大團隊的其中一員時，使用雲端資源的最佳方法是什麼？我們發現一個好的起點。每個開發人員都有一個隔離的開發帳戶，並且以團隊為單位，為每個共享整合環境（例如：dev、test、staging）創建一個帳戶，但對於共享的資源（例如資料庫或 S3 儲存貯體）而言，事情相對棘手，因此要視情況而定。但總體來說，在快速開發過程中，保持隔離可以防止很多意外，像是意外地刪除資源和資源爭用等問題。

嚴格的基礎設施即程式碼方法，讓管理多個帳戶中的資源變得更加容易。更進一步來說，以基礎設施及程式碼的方式建立管道，表示在新帳戶中建立和部署無伺服器應用程式，可以像部署和建立 CloudFormation 堆疊一樣地簡單，這建立管道將載入最新的原始程式碼並部署應用程式。

使用 CloudWatch Synthetics 進行金絲雀測試（Canary Testing）

CloudWatch Synthetics（*https://oreil.ly/XbXfP*）是一項新服務（在撰寫本書時處於預覽狀態），允許開發人員創建名為**金絲雀**的小腳本，這些小腳本用和用戶相同的方式執行已部署的應用程式。金絲雀可以按時間計畫運行，也可以只運行一次，如果失敗，它們可以觸發 CloudWatch 警報。金絲雀的程式碼是用 JavaScript 編寫的，並且可以存取 Synthetics 程式庫以及 Puppeteer（*https://oreil.ly/SUDHt*）和 Chromium（*https://www.chromium.org/Home*）。正如您可能已經猜到的那樣，幕後金絲雀僅是託管的 Lambda 函式，不過它們僅可以存取 1GB RAM 和最多 10 分鐘的逾時時間。

您可能會認為此新功能可以代替端到端測試。雖然肯定可以在多種環境中使用它（例如，您可以在端到端測試環境中運行金絲雀），但請記住，Synthetics 旨在從用戶的角度運行應用程式，這意味著金絲雀不能存取用戶也無法存取的組件或服務，因此無法測試非同步操作和副作用。此外，Synthetics 將金絲雀故障與警報緊密聯繫在一起，而這不應該是測試失敗時該有的機制。

一旦可以普遍使用 Synthetics，我們強烈建議您將其視為應用程式監視策略的一部分（請見第七章）。

總結

測試無伺服器應用程式與測試傳統應用程式在本質上沒有不同，這都關乎覆蓋範圍、複雜性、成本和價值之間的適當平衡，並透過擴展我們的測試方法為團隊工作。

在本章中，您了解了測試金字塔如何作為無伺服器應用程式測試策略的指導方針。我們重構了 Lambda 程式碼，以簡化單元測試，並在沒有網絡連接的情況下進行功能測試。端到端測試證明了基礎設施即程式碼方法的功效，以及測試分散式應用程式所固有的高度複雜性。

您已經看到嘗試運行雲端服務以進行本地測試會遇到很多問題，尤其是缺乏本地實現的保真度。如果要測試基於雲的應用程式，則有時必須在雲端中實際運行它！最後，為了使團隊以這種方式有效地工作，個別開發人員要具有各自隔離的雲端帳戶，團隊應具有共享的整合環境

透過測試，我們現在有了應用程式將按預期運行的自信。在下一章中，我們將探討如何透過日誌紀錄、指標（metric）和追蹤來深入了解已部署應用程式的行為。

練習題

本章中的程式碼和測試都可以練習到 S3 和 SNS。請為第五章應用程式編寫一個整合測試，該測試從 Java 程式碼執行 HTTP 叫用已部署的 API Gateway，然後判斷回應（和副作用）是否正確。若還需要額外的練習，請使用看看 Java 11 的新本地 HTTP 客戶端（*https://oreil.ly/ctKPo*）！

第七章

日誌紀錄、指標和追蹤

在本章中,我們將探討如何透過日誌紀錄、指標和追蹤來增強 Lambda 函式的可觀察性。透過日誌紀錄,您將學習如何從 Lambda 函式執行期間發生的特定事件中獲取訊息。平台和業務指標將深入了解我們的無伺服器應用程式的運行狀況。最後,分散式追蹤將讓您看到請求如何在我們架構中的不同服務和組件中流動。

我們將使用第五章的 Weather API 範例,探索適用於 AWS 上無伺服器應用程式的各種日誌紀錄、指標和追蹤選項。您會注意到,與我們在第六章資料管線範例的變更類似,Weather API Lambda 函式已經重構為使用 `aws-lambda-java-events` 程式庫。

日誌紀錄

提供以下日誌訊息,我們如何推斷生成它的應用程式的狀態是什麼?

```
Recorded a temperature of 78 F from Brooklyn, NY
```

我們知道一些資料的值(溫度測量值和位置),但資訊並不多。這些資料什麼時候收到或處理的?在我們的應用程式中,透過哪個請求會生成此資料?哪個 Java 類別和方法產生了此日誌訊息?我們如何將其與其他可能相關的日誌訊息做關聯?

基本上,這是無用的日誌訊息。它缺乏背景和特異性,如果這樣的訊息重複了數百或數千次(也許具有不同的溫度或位置值),也不具任何的意義。不過當我們的日誌訊息是散文(例如句子或短語)時,則需要透過正規表達式(regular expressions)或模式比對(pattern matching),我們不容易解析這樣的訊息,或從中獲得可用的資訊。

在探索 Lambda 函式的日誌紀錄時，請記住高價值日誌訊息具有以下特性：

資訊豐富

我們希望捕獲可行且具有成本效益的資料，越多越好。擁有的資料越多，我們就可以提出更多的問題和解答，而不必回頭再添加更多的日誌紀錄。

高獨特性資料

使日誌訊息變得獨特的資料值很重要。例如，像是請求 ID 之類的欄位，此欄位具有獨特性和唯一值，而像是「執行緒優先順序」（Thread Priority）之類的欄位則不具有（尤其是在單一執行緒 Lambda 函式中）。

機器可讀

使用 JSON 或其他易於機器讀取的標準格式（無須自定義解析邏輯）將簡化下游工具的分析。

CloudWatch Logs

顧名思義，CloudWatch Logs 是 AWS 的日誌收集、聚合和處理服務。它透過多種機制從應用程式和其他 AWS 服務接收日誌資料，若是需要這些資料，可以透過 Web 控制台或 API 存取。

CloudWatch Logs 由兩個主要元件組成，日誌群組（log groups）和日誌串流（log streams）。日誌群組是一組相關日誌串流的最高層級分組。日誌串流是日誌訊息的列表，通常來自單個應用程式或函式實體。

Lambda 和 CloudWatch Logs

在無伺服器應用程式中，預設情況下每個 Lambda 函式只有一個日誌群組，其中包含許多日誌串流。每個日誌串流都包含特定函式實體的所有函式叫用的日誌訊息。請您回想一下在第三章中，Lambda 執行時間會捕獲寫入標準輸出（Java 中的 System.out）或標準錯誤（System.err）的所有內容，並將該訊息推送到 CloudWatch Logs。

Lambda 函式的日誌輸出看起來如下所示：

```
START RequestId: 6127fe67-a406-11e8-9030-69649c02a345
  Version: $LATEST
Recorded a temperature of 78 F from Brooklyn, NY
END RequestId: 6127fe67-a406-11e8-9030-69649c02a345
REPORT RequestId: 6127fe67-a406-11e8-9030-69649c02a345
```

```
Duration: 2001.52 ms
Billed Duration: 2000 ms
Memory Size: 512 MB
Max Memory Used: 51 MB
```

Lambda 平台會自動添加 START、END 和 REPORT 紀錄行。我們最感興趣的是標記為 RequestId 的 UUID 值。對於每個叫用 Lambdac 函式的請求，會具有唯一的辨識碼。我們的函式若出現錯誤（請見第 187 頁的「錯誤處理」），平台就會重試執行，這時會產生重複出現的相同 *RequestId*。除此之外，由於 Lambda 平台（像大多數分散式系統一樣）具有「至少一次」的語義，因此即使沒有錯誤，平台有時也可能會多次叫用具有相同 *RequestId* 的函式（我們將在第 231 頁的「至少一次投遞」探討「至少一次」的行為）。

LambdaLogger

上面 START 和 END 行之間的紀錄行是使用 System.out.println 生成的，這是在一開始尚不熟悉如何記錄 Lambda 函式時的做法，但是還有其他幾種更好的選擇，它們結合了感應機制和自訂行為。這些選擇中的第一個是 AWS 提供的 LambdaLogger（*https://oreil.ly/ lXGJB*）類別。

可以透過 Lambda Context 物件存取此紀錄器，因此我們必須更改 WeatherEvent Lambda 處理常式函式以包含該參數，如下所示：

```java
public class WeatherEventLambda {
  ...
  public APIGatewayProxyResponseEvent handler(
      APIGatewayProxyRequestEvent request,
      Context context
      ) throws IOException {

    context.getLogger().log("Request received");
    ...
  }
}
```

此日誌語句的輸出看起來就像是使用 System.out.println 生成的一樣：

```
START RequestId: 4f40a12b-1112-4b3a-94a9-89031d57defa Version: $LATEST
Request received
END RequestId: 4f40a12b-1112-4b3a-94a9-89031d57defa
```

當我們的輸出包括換行（堆疊追蹤（stack trace））時，您可以看到 LambdaLogger 和
System println 方法之間的區別：

```
public class WeatherEventLambda {
  ...
  public APIGatewayProxyResponseEvent handler(
      APIGatewayProxyRequestEvent request,
      Context context
      ) throws IOException {

    StringWriter stringWriter = new StringWriter();
    Exception e = new Exception();
    e.printStackTrace(new PrintWriter(stringWriter));

    context.getLogger().log(stringWriter);
    ...
  }
}
```

使用 System.err.println 會印出堆疊追蹤於多行上，作為多個 CloudWatch Logs 條目
（圖 7-1）。

▶	16:47:58	START RequestId: 0cac6088-aa76-45da-8709-9c1c44009f1e Version: $LATEST
▼	16:47:58	System.err: java.lang.Exception
	System.err: java.lang.Exception	
▼	16:47:58	at book.api.WeatherEventLambda.handler(WeatherEventLambda.java:28)
	at book.api.WeatherEventLambda.handler(WeatherEventLambda.java:28)	
▼	16:47:58	at sun.reflect.NativeMethodAccessorImpl.invoke0(Native Method)
	at sun.reflect.NativeMethodAccessorImpl.invoke0(Native Method)	
▼	16:47:58	at sun.reflect.NativeMethodAccessorImpl.invoke(NativeMethodAccessorImpl.java:62)
	at sun.reflect.NativeMethodAccessorImpl.invoke(NativeMethodAccessorImpl.java:62)	

圖 7-1　用 System.err.println 印出 CloudWatch Logs 內的堆疊追蹤輸出

使用 LambdaLogger，該堆疊追蹤是單個條目（可以在 Web 控制台中展開，如圖 7-2
所示）。

單就此功能而言，就該使用 LambdaLogger，而不是 System.out.println 或 System.err.
println，而且這功能在印出異常堆疊時特別有用。

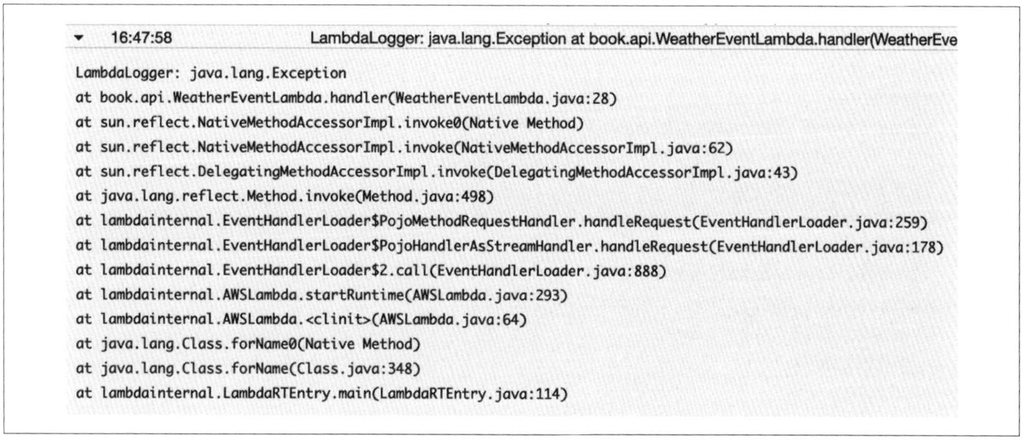

```
▼   16:47:58                    LambdaLogger: java.lang.Exception at book.api.WeatherEventLambda.handler(WeatherEve

LambdaLogger: java.lang.Exception
at book.api.WeatherEventLambda.handler(WeatherEventLambda.java:28)
at sun.reflect.NativeMethodAccessorImpl.invoke0(Native Method)
at sun.reflect.NativeMethodAccessorImpl.invoke(NativeMethodAccessorImpl.java:62)
at sun.reflect.DelegatingMethodAccessorImpl.invoke(DelegatingMethodAccessorImpl.java:43)
at java.lang.reflect.Method.invoke(Method.java:498)
at lambdainternal.EventHandlerLoader$PojoMethodRequestHandler.handleRequest(EventHandlerLoader.java:259)
at lambdainternal.EventHandlerLoader$PojoHandlerAsStreamHandler.handleRequest(EventHandlerLoader.java:178)
at lambdainternal.EventHandlerLoader$2.call(EventHandlerLoader.java:888)
at lambdainternal.AWSLambda.startRuntime(AWSLambda.java:293)
at lambdainternal.AWSLambda.<clinit>(AWSLambda.java:64)
at java.lang.Class.forName0(Native Method)
at java.lang.Class.forName(Class.java:348)
at lambdainternal.LambdaRTEntry.main(LambdaRTEntry.java:114)
```

圖 7-2　用 LambdaLogger 印出 CloudWatch Logs 內的堆疊追蹤輸出

Java 日誌框架

LambdaLogger 就足以用於簡單的 Lambda 函式。但是，稍後您在本章中將會發現，自訂日誌輸出對於滿足特定要求非常有用，例如捕獲業務指標或生成應用程式警報。雖然肯定可以使用 Java 標準程式庫（例如 String.format（*https://oreil.ly/9qlLO*））生成這種輸出，但使用現有的日誌紀錄框架（例如 Log4J 或 Java Commons Logging）則更加容易。這些框架提供了便利性，例如紀錄層級（log level）、基於屬性或基於檔案的配置以及各種輸出格式。它們還能輕鬆引入相關的系統和應用程式環境變數（例如 AWS 請求 ID）到每條日誌訊息中。

首次讓 Lambda 可用時，AWS 為非常老、不受支援的 Log4J 版本提供了自訂輸出器（Appender）。在基於 Lambda 的無伺服器應用程式中，使用此舊版本的流行日誌紀錄框架，會在整合較新的日誌紀錄功能時面臨挑戰。因此，我們花費了大量時間和精力為 Lambda 函式建構了更現代的日誌紀錄解決方案，稱為 lambda-monitoring，此解決方案使用了 SLF4J 和 Logback。

但是，AWS 現在為 Log4J2 的最新版本（*https://oreil.ly/8UEaw*），提供了一個帶有自訂日誌輸出器的程式庫（*https://oreil.ly/rywdy*），該程式庫（*https://oreil.ly/CrRoX*）的底層使用 LambdaLogger。現在，我們建議使用此設置，因為 AWS 對 Lambda 文件的 Java 日誌紀錄部分有連結中的敘述（*https://oreil.ly/2YP8h*）。設置此日誌紀錄方法僅涉及添加一些其他相依程式庫和 *log4j2.xml* 配置檔案，然後在我們的程式碼中引用 org.apache.logging.log4j.Logger。

這是我們 Weather API 專案的 *pom.xml* 檔案所需要附加的內容：

```xml
<dependencies>
  <dependency>
    <groupId>com.amazonaws</groupId>
    <artifactId>aws-lambda-java-log4j2</artifactId>
    <version>1.1.0</version>
  </dependency>
  <dependency>
    <groupId>org.apache.logging.log4j</groupId>
    <artifactId>log4j-core</artifactId>
    <version>2.12.1</version>
  </dependency>
  <dependency>
    <groupId>org.apache.logging.log4j</groupId>
    <artifactId>log4j-api</artifactId>
    <version>2.12.1</version>
  </dependency>
</dependencies>
```

使用 Log4J 的任何人都應該熟悉 *log4j2.xml* 配置檔案。現在，它使用 AWS 提供的
Lambda 輸出器，並允許自訂日誌模式，配置如下：

```xml
<?xml version="1.0" encoding="UTF-8"?>
<Configuration packages="com.amazonaws.services.lambda.runtime.log4j2">
  <Appenders>
    <Lambda name="Lambda">
      <PatternLayout>
        <pattern>
          %d{yyyy-MM-dd HH:mm:ss} %X{AWSRequestId} %-5p %c{1}:%L—%m%n
        </pattern>
      </PatternLayout>
    </Lambda>
  </Appenders>
  <Loggers>
    <Root level="info">
      <AppenderRef ref="Lambda"/>
    </Root>
  </Loggers>
</Configuration>
```

請注意，日誌模式包括 Lambda 請求 ID（`%X{AWSRequestId}`）。在我們之前的日誌紀錄範
例中，大多數輸出行中都沒有包含該請求 ID。請求 ID 只是顯示於叫用的開始和結束，
透過將其包含在每一行中，我們可以將每個輸出對應到特定的請求，如果我們使用其他
工具檢查這些日誌或下載它們以進行線下分析，這將很有幫助。

在 Lambda 函式中，我們設置了 logger，並使用其 error 方法以 ERROR 級別（*https://oreil. ly/pygbx*）輸出了一條訊息，以及以下異常情況：

```
import org.apache.logging.log4j.LogManager;
import org.apache.logging.log4j.Logger;

public class WeatherEventLambda {
  private static Logger logger = LogManager.getLogger();
  ...
  public APIGatewayProxyResponseEvent handler(
    APIGatewayProxyRequestEvent request, Context context)
    throws IOException {

    Exception e = new Exception("Test exception");
    logger.error("Log4J logger", e);
    ...
  }
}
```

Lambda Log4J2 輸出器的輸出如圖 7-3 所示。

```
▼   18:12:50              2019-09-01 18:12:50 5b6bc661-73bb-435b-b187-595273626441 ERROR WeatherEventLambda:39
2019-09-01 18:12:50 5b6bc661-73bb-435b-b187-595273626441 ERROR WeatherEventLambda:39 - Log4J logger
java.lang.Exception: Test exception
at book.api.WeatherEventLambda.handler(WeatherEventLambda.java:32) [task/:?]
at sun.reflect.NativeMethodAccessorImpl.invoke0(Native Method) ~[?:1.8.0_201]
at sun.reflect.NativeMethodAccessorImpl.invoke(NativeMethodAccessorImpl.java:62) ~[?:1.8.0_201]
at sun.reflect.DelegatingMethodAccessorImpl.invoke(DelegatingMethodAccessorImpl.java:43) ~[?:1.8.0_201]
at java.lang.reflect.Method.invoke(Method.java:498) ~[?:1.8.0_201]
at lambdainternal.EventHandlerLoader$PojoMethodRequestHandler.handleRequest(EventHandlerLoader.java:259) [LambdaSand
at lambdainternal.EventHandlerLoader$PojoHandlerAsStreamHandler.handleRequest(EventHandlerLoader.java:178) [LambdaSc
at lambdainternal.EventHandlerLoader$2.call(EventHandlerLoader.java:888) [LambdaSandboxJava-1.0.jar:?]
at lambdainternal.AWSLambda.startRuntime(AWSLambda.java:293) [LambdaSandboxJava-1.0.jar:?]
at lambdainternal.AWSLambda.<clinit>(AWSLambda.java:64) [LambdaSandboxJava-1.0.jar:?]
at java.lang.Class.forName0(Native Method) ~[?:1.8.0_201]
at java.lang.Class.forName(Class.java:348) [?:1.8.0_201]
at lambdainternal.LambdaRTEntry.main(LambdaRTEntry.java:114) [LambdaJavaRTEntry-1.0.jar:?]
```

圖 7-3　用 Log4J2 印出 CloudWatch Logs 內的堆疊追蹤輸出

它包括時間戳記、AWS 請求 ID、紀錄層級（在這裡為 ERROR），叫用日誌紀錄方法的檔案和行，以及正確格式的異常。我們可以使用 Log4J 提供的對接程式庫（bridge libraries）將日誌訊息從其他日誌紀錄框架路由到我們的 Log4J 輸出器。至少對於我們的 WeatherEventLambda 而言，此技術最有用的應用是深入了解 AWS Java SDK 的行為，該 Java SDK 使用 Apache Commons Logging（以前稱為 Jakarta Commons Logging 或 JCL）。

首先，將 Log4J JCL 對接程式庫添加到 *pom.xml* 檔案的 dependencies 部分：

```xml
<dependency>
  <groupId>org.apache.logging.log4j</groupId>
  <artifactId>log4j-jcl</artifactId>
  <version>2.12.1</version>
</dependency>
```

接著，我們在 *log4j2.xml* 檔案的 Loggers 部分中啟用日誌紀錄的除錯（debug）：

```xml
<Loggers>
  <Root level="debug">
    <AppenderRef ref="Lambda"/>
  </Root>
</Loggers>
```

現在，我們可以從 AWS Java SDK 中查看詳細的日誌紀錄訊息（圖 7-4）。

```
▼  18:46:42                    2019-09-01 18:46:42 c0d9c7f9-84be-44f0-9eba-74f108415df7 DEBUG wire:87

2019-09-01 18:46:42 c0d9c7f9-84be-44f0-9eba-74f108415df7 DEBUG wire:87 - http-outgoing-0 >> "
{
    "TableName": "chapter7-api-LocationsTable-1GNDFJIBI36SA",
    "Item": {
        "locationName": {
            "S": "Brooklyn, NY"
        },
        "temperature": {
            "N": "91.0"
        },
        "timestamp": {
            "N": "1564428897"
        },
        "longitude": {
            "N": "-73.99"
        },
        "latitude": {
            "N": "40.7"
        }
    }
}
```

圖 7-4　來自 AWS SDK 的詳細除錯日誌紀錄

我們可能永遠都不需要這些訊息，但為了預防不時之需，我們需要足夠的資訊。就上面的訊息來說，我們可以明確地看到 DynamoDB PutItem API 叫用的內容包含了什麼。

透過使用更複雜的日誌紀錄框架，我們可以進一步了解日誌輸出的上下脈絡。我們可以使用請求 ID 分隔不同 Lambda 請求的日誌紀錄。使用紀錄層級，可以了解某些紀錄行是否表示了錯誤，或是關於應用程式狀態的警告，或其他可以忽略的日誌紀錄（或稍後可以分析），因為它們包含大量但相關性較小的除錯訊息。

> ### CloudWatch Logs 的花費
>
> 警告：從 Lambda 函式存取大量日誌紀錄的成本十分驚人。在撰寫本書時，CloudWatch Logs 每 GB 資料的提取費用為 $0.50。如果您的 Lambda 函式每次叫用生成 100KB 的日誌輸出（可能是透過處理 Kinesis 的一千條紀錄並為每條紀錄生成一行輸出），並且被叫用了 1 百萬次，那麼這就是 100GB 的日誌紀錄輸出，這將花費 $50。每天執行 1 百萬次叫用，每個月就需要 1500 美元的 CloudWatch 花費！
>
> 這裡的警告，不是要您禁止使用 Lambda 函式的日誌紀錄，而是要生成有意義的日誌紀錄輸出，然而這筆費用是值得的。因此，在下一節中，我們將討論如何最大化日誌紀錄輸出的價值。

結構化日誌

如上一節所述，我們若能透過日誌紀錄系統捕獲大量有用的訊息和上下脈絡，便可用於檢查和改進我們的應用程式。

但是，當需要從大量的日誌紀錄中萃取有價值的資訊時，通常很難存取、查詢。由於實際的訊息本質上仍然是自由格式的文本，加上日誌紀錄有時難免會出現空格或制表符（Tab），因此您通常必須為下游的日誌處理系統或是相關工具，建構一系列難以理解的正規表達式，才能找到您要的資訊。

所以我們不應該繼續使用自由格式、自由文本，而是使用一種稱為**結構化日誌**（structured logging）的技術來標準化日誌輸出，並透過標準查詢語言輕鬆地搜索所有日誌紀錄輸出。

請看以下 JSON 日誌紀錄作為例子：

```json
{
  "thread": "main",
  "level": "INFO",
  "loggerName": "book.api.WeatherEventLambda",
  "message": {
    "locationName": "Brooklyn, NY",
    "action": "record",
    "temperature": 78,
    "timestamp": 1564506117
  },
  "endOfBatch": false,
```

```
    "loggerFqcn": "org.apache.logging.log4j.spi.AbstractLogger",
    "instant": {
      "epochSecond": 1564506117,
      "nanoOfSecond": 400000000
    },
    "contextMap": {
      "AWSRequestId": "d814bbbe-559b-4798-aee0-31ddf9235a76"
    },
    "threadId": 1,
    "threadPriority": 5
}
```

比起依賴欄位的順序來提取訊息，我們可以使用 JSON 路徑規範，例如，可以使用 JSON 路徑 .message.temperature 提取 temperature 欄位資訊。CloudWatch Logs 服務既支援在 Web 控制台中進行搜索（請見圖 7-5），也支援創建指標篩選條件（Metric Filters），這在本章稍後將進行討論。

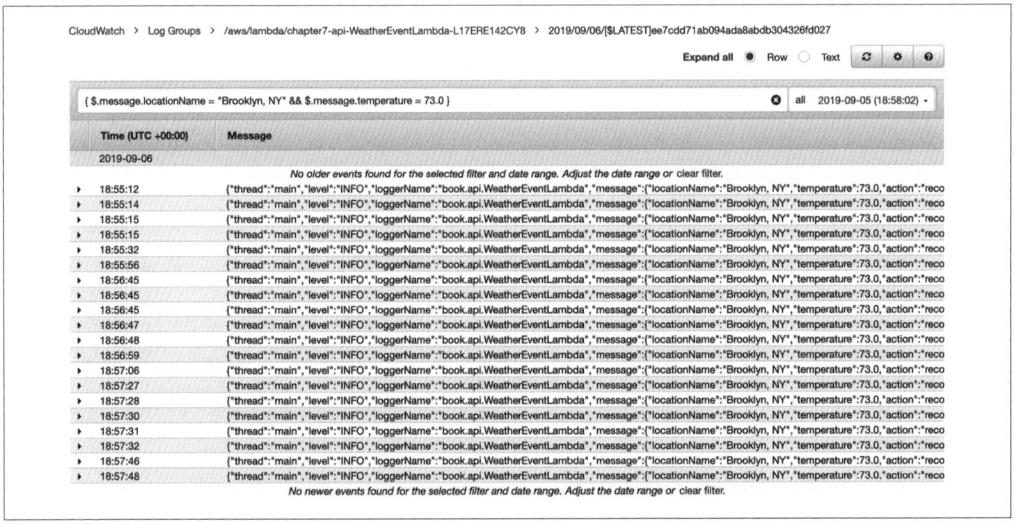

圖 7-5　使用 JSON 路徑表達式在 CloudWatch Logs Web 控制台中進行搜索

Java 中的結構化日誌

現在，我們了解了使用 JSON 格式進行結構化日誌紀錄的好處，但不幸的是，我們使用 Java 編寫而成的 Lambda 函式記錄 JSON 時遇到了困難。困難點就是 Java 中的 JSON 處理非常冗長，為了要輸出 JSON 日誌紀錄而添加大量的樣板程式碼來建構日誌紀錄輸出，但這似乎並不是正確的方法。

幸運的是，我們可以使用 Log4J2 生成 JSON 日誌紀錄輸出（Log4J2 JSONLayout（*https://oreil.ly/G4EYb*））。透過配置 *log4j2.xml* 就輸出格式調整成 JSON，並且輸出到 STDOUT。不過對於我們的 Lambda 函式而言，輸出將傳送到 CloudWatch Logs。*log4j2.xml* 內容如下：

```xml
<?xml version="1.0" encoding="UTF-8"?>
<Configuration packages="com.amazonaws.services.lambda.runtime.log4j2">
  <Appenders>
    <Lambda name="Lambda">
      <JsonLayout
        compact="true"
        eventEol="true"
        objectMessageAsJsonObject="true"
        properties="true"/>
    </Lambda>
  </Appenders>
  <Loggers>
    <Root level="info">
      <AppenderRef ref="Lambda"/>
    </Root>
  </Loggers>
</Configuration>
```

在我們的 Lambda 程式碼中，我們將 Log4J2 logger 設置為 static：

```
...
private static Logger logger = LogManager.getLogger();
...
```

比起記錄一個字串，像是：Recorded a temperature of 78 F from Brooklyn, NY，我們比較想要建立一個鍵值對的 Map，程式碼如下：

```
HashMap<Object, Object> message = new HashMap<>();
message.put("action", "record");
message.put("locationName", weatherEvent.locationName);
message.put("temperature", weatherEvent.temperature);
message.put("timestamp", weatherEvent.timestamp);

logger.info(new ObjectMessage(message));
```

日誌紀錄的輸出如下：

```
{
  "thread": "main",
  "level": "INFO",
  "loggerName": "book.api.WeatherEventLambda",
```

```
  "message": {
    "locationName": "Brooklyn, NY",
    "action": "record",
    "temperature": 78,
    "timestamp": 1564506117
  },
  "endOfBatch": false,
  "loggerFqcn": "org.apache.logging.log4j.spi.AbstractLogger",
  "instant": {
    "epochSecond": 1564506117,
    "nanoOfSecond": 400000000
  },
  "contextMap": {
    "AWSRequestId": "d814bbbe-559b-4798-aee0-31ddf9235a76"
  },
  "threadId": 1,
  "threadPriority": 5
}
```

這裡需要注意的是，與我們的應用程式相關的訊息在 message 鍵的位置下，所以不容易查詢。還有另一件不幸的事情，就是大部分輸出都被合併到 Log4J2 JsonLayout 中，因此我們若要清理紀錄資料，也要多下點工夫。但是，正如我們將在下一節中看到的那樣，以 JSON 格式紀錄事件會導致事件很冗長，這是一件值得的事情。

深入了解 CloudWatch 日誌

透過結構化日誌，不論是即時或事件發生後，我們皆能使用更加複雜的工具來分析日誌。雖然原始的 CloudWatch Logs Web 控制台支援使用 JSONPath 表達式查詢日誌資料（如前所示），但直到最近，真正複雜的分析還是需要直接下載日誌或將其轉發到其他服務。

CloudWatch Logs Insights（*https://oreil.ly/mPqKe*）是 CloudWatch Logs 生態系統的新成員，它提供了功能強大的搜索引擎和專門建構的查詢語言，非常適合分析結構化日誌。拿上一節的 JSON 日誌紀錄為例，假設我們記錄了整整一個月以小時為單位的 JSON 資料到 CloudWatch Logs 中，為了了解 Brooklyn 的每天最低、平均和最高溫度，我們可能需要對日誌資料進行一些快速分析。

可以使用 CloudWatch Logs Insights 查詢，語法如下：

```
filter message.action = "record"
    and message.locationName = "Brooklyn, NY"
| fields date_floor(concat(message.timestamp, "000"), 1d) as Day,
```

```
    message.temperature
| stats min(message.temperature) as Low,
    avg(message.temperature) as Average,
    max(message.temperature) as High by Day
| order by Day asc
```

讓我們一行一行的來看這些語法在做什麼：

1. 首先，我們過濾紀錄事件，這些事件在 message.action 欄位中的值為 record，在 message.locationName 欄位中的值為「Brooklyn, NY」。

2. 在第二行中，我們選擇 message.timestamp 欄位，並在末尾添加三個零，然後再將其傳遞給 date_floor 方法（因為原本的欄位單位為秒，然而 date_floor 需要用毫秒計算，因此需要添加零），方法將時間戳記值轉換為以天為單位（時間戳記最早的一天）。我們還選擇了 message.temperature 欄位。

3. 第三行計算以天為單位的日誌紀錄事件中 message.temperature 欄位的最小值、平均值和最大值。

4. 最後一行，依照日期排序，由最早的日期開始。

我們可以在 CloudWatch Logs Insights Web 控制台中查看此查詢的結果（圖 7-6）。

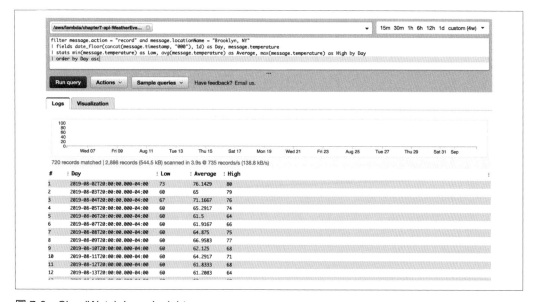

圖 7-6　CloudWatch Logs Insights

這些結果可以轉而輸出為 CSV 檔案，也可以使用原生的可視化工具將其繪製成圖形（圖 7-7）。

關於 CloudWatch Logs Insights，需要牢記一些注意事項。首先，雖然該工具可以非常有效地用於日誌紀錄資料的即時探索，但仍不能（尚未）用於直接生成其他自訂指標或其他資料產品（儘管我們將於下一節中看到如何從 JSON 日誌紀錄資料生成自訂指標！）。由於有一個可以查詢和存取的 API 接口，因此也可以透過這個通用的 API，自行推出解決方案。最後要提醒的一點是，查詢的價格是基於掃描的資料量。

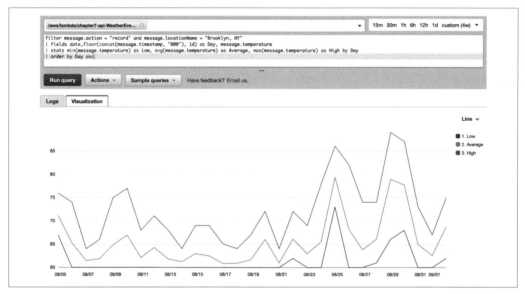

圖 7-7　CloudWatch Logs Insights 可視化工具

指標（Metrics）

日誌紀錄是在給定時間點進入系統狀態的離散快照。另一方面，指標旨在產生一段時間內系統狀態的高階視角。各個指標是特定參數一段時間內的狀態；將不同指標組合起來，就顯示了系統特定時間內運行時的趨勢和行為。

CloudWatch 指標

CloudWatch Metrics 是 AWS 的指標儲存庫服務。它從大多數 AWS 服務接收指標。基本上，指標只是一組按時間排序的資料點。例如，在特定的時間點，傳統伺服器的 CPU

負載可能為 64％，幾秒鐘後可能是 65％。在給定的時間段內可以為該指標計算最小值、最大值和其他統計訊息（例如百分位數）。

為了方便分類指標，指標可以按命名空間（namespace）分組（例如：`/aws/lambda`），然後按指標名稱分組（例如：`WeatherEventLambda`）。指標還可以具有關聯的維度，提供更細的分類基準，例如：假設有一個指標，該指標可以追蹤非無伺服器應用程式中的應用程式錯誤，則該維度可能是伺服器 IP。

CloudWatch 指標是監視 AWS 服務以及我們自己的應用程式行為的主要工具。

Lambda 平台指標

AWS 預先提供了無數功能和帳戶級指標，可用於監控無伺服器應用程式的整體運行狀況和可用性。我們將它們稱為平台指標，因為它們是由 Lambda 平台提供的，不需要我們進行任何額外的配置。

對於個別函式而言，Lambda 平台提供以下指標：

Invocations

　　叫用函式的次數（不論成功或失敗）。

Throttles

　　叫用函式但被平台因節流（Throttle）要求而放棄執行的次數。

Errors

　　導致函式錯誤的叫用次數。

Duration

　　從開始執行函式到停止執行的「系統時間」的毫秒值。此指標還支持百分位數（*https://oreil.ly/-Njgn*）。

ConcurrentExecutions

　　在給定的時間點，有多少個函式並行執行（concurrent execution）。

對於由 Kinesis 或 DynamoDB 串流事件來源叫用的函式，`IteratorAge` 是記錄批次處理中最後一條記錄與 Lambda 讀取記錄之間的時間。該指標有效地向您顯示 Lambda 函式在給定的時間點處理串流的狀態有多落後。

對於配置了無效信件佇列（dead letter queue 、DLQ）的函式，當該函式無法將消息寫入 DLQ 時，`DeadLetterErrors` 指標就會增加（有關 DLQ 的更多訊息，請見第 187 頁的「錯誤處理」）。

此外，該平台還匯總了帳戶和區域中所有函式的 `Invocations`、`Throttles`、`Errors`、`Duration` 和 `ConcurrentExecutions` 指標。`UnreservedConcurrentExecutions` 指標匯總帳戶和區域中所有未指定自定義並行限制的函式的並行執行情況。

Lambda 平台生成的指標包括以下額外維度：`FunctionName`、`Resource`（例如，函式版本或別名）和 `ExecutedVersion`（用於別名叫用，這將在下一章節討論）。只要您需要，都可以為每個個別函式指標增加這些維度。

商業指標

平台指標和應用程式日誌紀錄是監控無伺服器應用程式的重要工具，但是對評估我們的應用程式的運作是否正確、是否完整地執行其商業邏輯是無用的。例如，捕獲 Lambda 執行持續時間的指標對於捕獲錯誤的性能問題很有用，但它並不能告訴我們 Lambda 函式（或整個應用程式）是否為我們的客戶正確處理了事件。另一方面，若有一個可以成功捕獲處理了多少處理天氣事件數量的指標，它可以告訴我們該應用程式（或至少與處理天氣事件有關的部分）正在正常運行，而與底層技術實作無關。

這些**商業指標**不僅可以為我們商業邏輯把脈，還可以作為與實作或平台不相關的匯總指標。拿我們前面的範例來看，Lambda 執行時間增加代表什麼？我們只是在處理更多資料，還是配置或程式碼變更造成我們函式性能上的影響？有關係嗎？但是，如果我們的應用程式處理的天氣事件數量意外減少，則我們知道有問題，並應立即進行調查。

在傳統應用程式中，我們可以透過叫用 `PutMetricData` API（*https://oreil.ly/zLHuA*）直接使用 CloudWatch Metrics API，並在生成這些自訂指標時主動推送它們。更複雜的應用程式可能會定期推送少批量的指標。

Lambda 函式具有兩種性質，使 `PutMetricData` 方法變得不牢靠。首先，Lambda 函式可以快速擴展到成百上千的並行執行，CloudWatch Metrics API 將限制 `PutMetricData` 的叫用（CloudWatch 的限制（*https://oreil.ly/q2jmF*）），因此，這樣的限制就會導致有指標丟失的可能，而無法保存重要的資訊。其次，由於 Lambda 函式的實體是暫時性的，因此在單次執行期間對指標進行批次處理的機會很小，或者說沒有好處。無法確保後續執行將在同一執行時間實體中進行，因此跨叫用進行批次處理是不可靠的。

幸運的是，CloudWatch 指標的兩個功能，可以在可擴展和可靠的方式的情況下，讓生成 CloudWatch 指標和 Lambda 執行完全無關。第一個也是最新的服務，稱為 CloudWatch Embedded Metric Format（*https://oreil.ly/pkNXB*），它使用一種特殊的日誌格式來自動創建指標。Log4J 尚不支持這種特殊的日誌格式（無須進行很多額外的工作），因此我們在這裡不使用它，但是在其他情況下，這是在 Lambda 中生成指標的首選方法。

另一個功能——CloudWatch 指標篩選條件（Metric Filters）（*https://oreil.ly/beOVU*）也可以使用 CloudWatch Logs 資料生成指標。與 Embedded Metric Format 不同，它可以存取列式（Columnar）和任意巢狀的 JSON 結構中的資料。在不容易於日誌紀錄資料的頂層添加 JSON 鍵的情況下，這是一個更好的選擇。它透過爬取 CloudWatch Logs 並將指標批次推送到 CloudWatch Metrics 服務來生成指標資料。

我們的結構化日誌使得指標篩選條件的設置非常簡單，因此我們在 *template.yaml* 檔案內增加了以下內容：

```
BrooklynWeatherMetricFilter:
  Type: AWS::Logs::MetricFilter
  Properties:
    LogGroupName: !Sub "/aws/lambda/${WeatherEventLambda}"
    FilterPattern: '{$.message.locationName = "Brooklyn, NY"}'
    MetricTransformations:
      - MetricValue: "1"
    MetricNamespace: WeatherApi
    MetricName: BrooklynWeatherEventCount
    DefaultValue: "0"
```

每當 JSON 日誌紀錄中 `message.locationName` 的欄位有包含「Brooklyn, NY」值時，此指標篩選條件就會增加 `BrooklynWeatherEventCount` 指標的數值。我們可以透過 CloudWatch Metrics Web 控制台存取，並將該指標可視化，也可以像一般平台指標一樣配置 CloudWatch 警示和動作。

在此範例中，每次事件發生時我們都有效地增加了一個指標計數器，但是也有可能使用捕獲的日誌紀錄中的實際值（在某些情況下如此操作資料是合理的）。有關更多詳細資訊，請見 `MetricFilter MetricTransformation` 文件（*https://oreil.ly/ksKJu*）。

警示（Alarms）

與所有 CloudWatch 指標一樣，我們可以使用資料建立警示，以在發生問題時向我們發出警告。至少我們建議為 `Errors` 和 `Throttles` 這兩個平台指標設置警示，如果不用每個帳戶都有（像是開發帳戶、正式環境帳戶），則肯定要為正式環境的函式設置警示。

要為被 Kinesis 或 DynamoDB 串流事件來源叫用的函式設置警示的話,可以使用
IteratorAge 指標,從該指標可以得知函式的處理速度是否有跟上串流中事件增加的
速度(函式處理速度需要根據串流中碎片(shards)數量和增長速度調整,因此我們
可以在設定串流事件來源時,一同設置 Lambda 事件來源的批次處理數量的大小、
ParallelizationFactor(*https://oreil.ly/ogUdK*)以及 Lambda 函式本身的性能)。

現在要為 BrooklynWeatherEventCount 指標在 CloudWatch 中配置警示。如果該指標值下
降到零(表示我們已停止接收「Brooklyn, NY」的天氣事件),若此指標 60 秒內沒有改
變,也就是尚未接收到任何天氣事件,則該警示將透過 SNS 訊息提醒我們,其配置方法
如下:

```
BrooklynWeatherAlarm:
  Type: AWS::CloudWatch::Alarm
  Properties:
    Namespace: WeatherApi
    MetricName: BrooklynWeatherEventCount
    Statistic: Sum
    ComparisonOperator: LessThanThreshold
    Threshold: 1
    Period: 60
    EvaluationPeriods: 1
    TreatMissingData: breaching
    ActionsEnabled: True
    AlarmActions:
      - !Ref BrooklynWeatherAlarmTopic

BrooklynWeatherAlarmTopic:
  Type: AWS::SNS::Topic
```

圖 7-8 顯示了 CloudWatch Web 控制台中的警示畫面。

圖 7-8　BrooklynWeatherAlarm CloudWatch 警示

上一個警示在「違反（breached）」時生成的 SNS 訊息可用於發送通知電子郵件，或觸發第三方警報系統，像是 PagerDuty（*https://www.pagerduty.com*）。

與 Lambda 函式和 DynamoDB 資料表之類的應用程式組件一樣，我們強烈建議將 CloudWatch 指標篩選條件、警示和所有其他基礎設施，連同所有其他組件都保留在同一 *template.yaml* 檔案中。這不僅使我們能夠利用範本內的參考和相依程式庫，還使我們的指標和警示配置與應用程式本身緊密聯繫在一起。如果您不想為開發版本堆疊建置 CloudWatch 資源，則可以使用 CloudFormation 的條件函數（Conditions functionality）（*https://oreil.ly/iXXkw*）。

分散式追蹤

到目前為止，我們涵蓋的指標和日誌紀錄，已經有能力可洞悉 Lambda 函式等單個應用程式組件。但是，在具有很多個組件的應用程式中，將多個組件的日誌紀錄輸出和指標拼湊在一起是件困難的事情。拿我們的範例為例，API Gateway、兩個 Lambda 函式和 DynamoDB 資料表的日誌紀錄輸出和指標。

幸運的是，AWS 的分散式追蹤服務 X-Ray 涵蓋了該使用情境。該服務本質上將「標記」事件，這些事件會進入我們的應用程式或由我們的應用程式生成，並在事件流經我們的應用程式時對其進行追蹤。當標記事件觸發 Lambda 函式時，X-Ray 隨後可以追蹤 Lambda 函式所叫用的外部服務，並將有關這些叫用的資訊添加到追蹤中。如果被叫用的服務也啟用了 X-Ray，則追蹤將繼續進行。如此一來，X-Ray 不僅可以追蹤特定事件，還可以生成應用程式中所有組件之間如何互動的服務圖。

CloudWatch ServiceLens

CloudWatch ServiceLens（*https://oreil.ly/kRn0I*）是一項新服務（在撰寫本書時），它整合了 CloudWatch 和 X-Ray，以提供您的應用程式全面的、端到端的概貌。一般來說，現在 X-Ray 控制台可以執行的動作幾乎都可以透過 ServiceLens 來實現。

隨著時間的流逝，我們預計它將取代 X-Ray 控制台，因此我們建議您嘗試一下！該 AWS 部落格文章（*https://oreil.ly/Vr1AX*）描述了 ServiceLens 的功能和用法。

對於 AWS Lambda，X-Ray 有兩種追蹤模式（*https://oreil.ly/juSOL*）。第一個是 PassThrough，這表示如果 X-Ray 已經「標記」了觸發 Lambda 函式的事件，則 X-Ray 將追蹤 Lambda 函式的叫用。如果未標記觸發事件，則不會從 Lambda 記錄任何追蹤資訊。相反，Active 追蹤將 X-Ray 追蹤 ID（trace ID）主動標記所有 Lambda 叫用。

在以下範例中，我們在 API Gateway 中啟用了追蹤功能，該功能將使用 X-Ray 追蹤 ID 標記傳入的事件。Lambda 函式配置為 PassThrough 模式，因此當它被來自 API Gateway 的標記事件觸發時，它將會把該追蹤 ID 傳送到下游服務。請注意，如果 Lambda 的 IAM 執行角色有權將資料發送到 X-Ray 服務，則預設啟用 PassThrough 模式。否則，可以按照此處的操作進行配置（在這裡，我們透過 SAM 增加 Lambda 執行角色適當的權限）。

這是第五章中 SAM *template.yaml* 檔案中的 Globals 部分，已將 API Gateway 的追蹤啟用：

```
Globals:
  Function:
    Runtime: java8
    MemorySize: 512
    Timeout: 25
    Environment:
      Variables:
        LOCATIONS_TABLE: !Ref LocationsTable
    Tracing: PassThrough
  Api:
    OpenApiVersion: '3.0.1'
    TracingEnabled: true
```

啟用追蹤後，我們還可以將 X-Ray 程式庫添加到我們的 *pom.xml* 檔案中。透過增加這些程式庫，我們才能追蹤 Lambda 函式、DynamoDB 和 SNS 之類的服務之間互動的行為，而無須更改任何 Java 程式碼。

像 AWS SDK 一樣，X-Ray 提供物料清單（BOM），該 BOM 讓我們在專案中使用的所有 X-Ray 程式庫之間的版本最終保持一致。要使用 X-Ray BOM，請將其添加到父級 *pom.xml* 檔案的 <dependencyManagement> 部分：

```
<dependency>
  <groupId>com.amazonaws</groupId>
  <artifactId>aws-xray-recorder-sdk-bom</artifactId>
  <version>2.3.0</version>
  <type>pom</type>
  <scope>import</scope>
</dependency>
```

現在，我們需要添加三個 X-Ray 程式庫，這些程式庫將檢測基於 Java 的 Lambda 函式：

```xml
<dependency>
  <groupId>com.amazonaws</groupId>
  <artifactId>aws-xray-recorder-sdk-core</artifactId>
</dependency>
<dependency>
  <groupId>com.amazonaws</groupId>
  <artifactId>aws-xray-recorder-sdk-aws-sdk</artifactId>
</dependency>
<dependency>
  <groupId>com.amazonaws</groupId>
  <artifactId>aws-xray-recorder-sdk-aws-sdk-instrumentor</artifactId>
</dependency>
```

圖 7-9 顯 示 第 五 章 中 我 們 API 的 X-Ray 服 務 對 應（service map），其 中 包 含 API Gateway、Lambda 平台、Lambda 函式和 DynamoDB 資料表的關係：

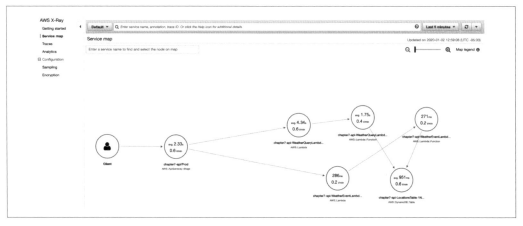

圖 7-9　X-Ray 服務對應

我們還可以查看單個事件的追蹤狀況（在本例中為 HTTP POST），該事件走過了 API Gateway、Lambda 和 DynamoDB（圖 7-10）。

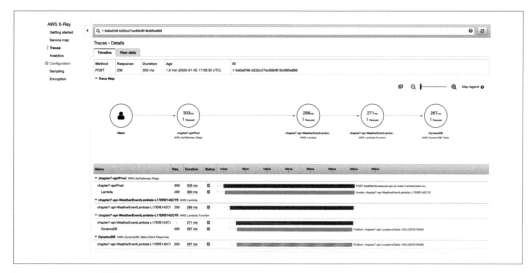

圖 7-10　X-Ray 追蹤

查詢錯誤

當我們的 Lambda 函式發生錯誤時會發生什麼？我們可以透過 X-Ray 控制台其中的服務對應和追蹤介面來調查錯誤。

首先，我們透過刪除該 Lambda 存取 DynamoDB 的權限，將一個錯誤引入 WeatherEvent Lambda：

```
    WeatherEventLambda:
      Type: AWS::Serverless::Function
      Properties:
        CodeUri: target/lambda.zip
        Handler: book.api.WeatherEventLambda::handler
#        Policies:
#          - DynamoDBCrudPolicy:
#              TableName: !Ref LocationsTable
        Events:
          ApiEvents:
            Type: Api
            Properties:
              Path: /events
              Method: POST
```

部署無伺服器應用程式堆疊後，我們可以將 HTTP POST 事件發送到 /events 終端。當 WeatherEventLambda 嘗試將該事件寫入 DynamoDB 時，它將失敗並丟出異常。圖 7-11 顯示了發生這種情況後的 X-Ray 服務對應。

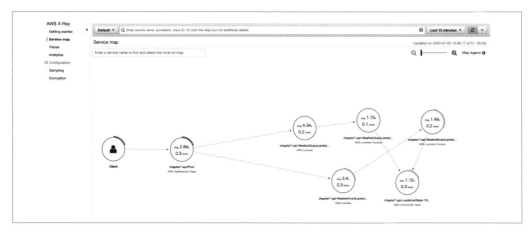

圖 7-11　X-Ray 服務對應顯示錯誤

當我們深入研究導致錯誤的特定請求時，我們可以看到 POST 請求返回了 HTTP 502 錯誤（圖 7-12）。

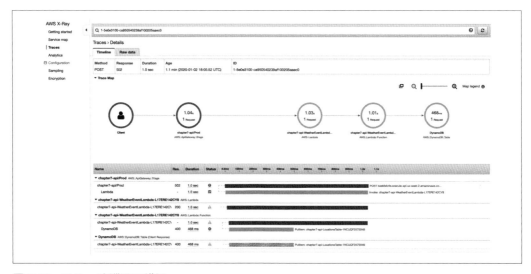

圖 7-12　X-Ray 追蹤顯示錯誤

接著，將滑鼠停留在顯示 Lambda 叫用的追蹤部分旁邊的錯誤圖示上，我們就可以輕鬆地看到導致 Lambda 函式失敗的特定 Java 異常（圖 7-13）。

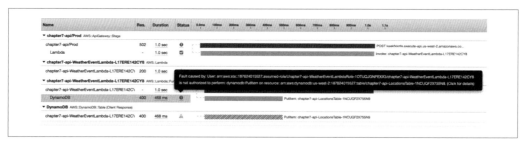

圖 7-13　顯示錯誤的 X-Ray 追蹤

點擊後會直接在 X-Ray 追蹤控制台顯示完整的堆疊追蹤（圖 7-14）。

圖 7-14　X-Ray 顯示 Java 異常的堆疊追蹤

總結

在本章中，我們介紹了各種可以深入了解無伺服器應用程式性能和功能的方法，無論是在個別函式或組件級別，還是一個完整的應用程式上。我們展示了如何使用結構化 JSON 日誌紀錄來實現可觀察性，並使我們能夠從高度可擴展的 Lambda 函式浮現出有意義的商業指標，而又不會操壞 CloudWatch API。

最後，我們在 Maven *pom.xml* 中添加了一些相依關係，並解鎖了最大功效的分散式追蹤功能，該功能不僅可以追蹤個別請求，還可以自動建構無伺服器應用程式所有組件的對應，並允許我們輕鬆地探究錯誤或意外行為。

現在介紹了基礎知識，在下一章中，我們將深入研究先進的 Lambda 技術，這些技術將使得正式環境的無伺服器系統變得強大又可靠。

練習題

1. 本章以第五章中的 API Gateway 程式碼為基礎。請您將 X-Ray 工具添加到第六章中的資料管線程式碼中，並觀察 SNS 和 S3 的互動如何在 X-Ray 控制台中顯示。

2. 除了像本章所述增加指標外，CloudWatch Logs 指標篩選條件還可以從日誌紀錄中解析指標值。使用此技術可以生成「Brooklyn, NY」的溫度指標。若還覺得練習的不夠，請增加一個在溫度低於華氏 32 度時的警示！

第八章

AWS Lambda 進階

當您閱讀到這裡，應該要開始學習一些可用於正式環境應用程式的錯誤處理、擴展以及一些我們不常使用的 Lambda 功能——但它們始終存在，而且在需要時會很重要。

錯誤處理

到目前為止，我們所有的範例都生活在彩虹和獨角獸的奇妙世界中，其中沒有系統發生故障，也沒有人在編寫程式碼時犯錯。當然地回到現實世界，事情會出錯，任何有用的正式環境應用程式和架構都需要處理錯誤的發生，無論是我們的程式碼還是我們所相依的系統所造成的錯誤。

由於 AWS Lambda 是一個「平台」，因此在遇到錯誤時具有一定的約束和行為，在本節中，我們將探討可能發生的錯誤類型，描述錯誤發生時的上下脈絡，還有如何處理錯誤。就人類語言而言，我們可以交替使用**錯誤**（error）和**異常**（exception）一詞，雖然在 Java 世界中兩個術語有著些微的差異。

錯誤類別

使用 Lambda 時，可能會發生幾種不同類別的錯誤。主要事件如下所示，大致按事件處理過程中發生錯誤的時間順序排列：

1. 初始化 Lambda 函式時出錯（載入我們的程式碼時出現問題，標明了處理常式，或帶有函式簽名）。

2. 將輸入解析為指定的函式參數時出錯。

3. 與外部下游服務（資料庫等）連線時出錯。

4. Lambda 函式內部產生的錯誤（在其程式碼內或在直接環境中，例如記憶體不足（out-of-memory）問題）。

5. 函式逾時導致的錯誤。

另外一種分類錯誤的方式是錯誤**處理**（handled）了或是**未處理**（unhandled）。

例如，讓我們考慮透過 HTTP 與下游微服務連線並拋出錯誤的情況。在這種情況下，我們可以選擇在 Lambda 函式中捕獲錯誤並在那裡進行處理（已處理的錯誤），也可以讓錯誤繼續傳播直到離開函式（未處理的錯誤）為止。

或者，假設我們在 Lambda 配置中指定了錯誤的函式名稱。在這種情況下，我們無法捕獲 Lambda 函式程式碼中的錯誤，因此這始終是未處理的錯誤。

如果我們自己在程式碼中處理錯誤，那麼 Lambda 平台確實與我們的特定錯誤處理策略無關。正如我們在第七章中所看到的，我們可以記錄標準錯誤（如果喜歡的話），而且就 Lambda 而言，標準錯誤與標準輸出的處理方式相同。另外如果將內容傳送給 CloudWatch，在未設置警示的情況下，就不會發出警報。

因此，Lambda 中處理錯誤附帶的細微差別都是關於未處理的錯誤的——這些錯誤透過未捕獲的異常從我們的程式碼一路竄到 Lambda 執行時間，或者發生在我們的程式碼外部。這些錯誤會發生什麼？有趣的是，這在很大程度上取決於首先觸發 Lambda 函式的事件來源類型，我們現在來進行探討。

Lambda 錯誤處理的不同行為

Lambda 根據觸發叫用的事件來源來劃分對錯誤的處理方式。每個事件來源都如同在第五章（表 5-1）所列出的，條列如下：

• 同步事件來源（例如 API Gateway）

• 非同步事件來源（例如 S3 和 SNS）

• 串流 / 佇列事件來源（例如，Kinesis 資料串流和 SQS）

每一個類別都有一個不同的模型來處理 Lambda 函式所引發的錯誤，如下所示。

同步事件來源

這是最簡單的模型。對於以這種方式叫用的 Lambda 函式，錯誤將傳送回叫用方，並且不會執行自動重試。錯誤如何暴露給上游客戶端取決於 Lambda 函式的叫用方式的確切性質，因此您應嘗試在程式碼中強制拋出錯誤以查看此類問題的暴露方式。

例如，如果 API Gateway 是事件來源，則 Lambda 函式所引發並丟出的錯誤將發送回 API Gateway。API Gateway 將依次向原始請求者返回 500 HTTP 回應。

非同步事件來源

由於此叫用模型是非同步或事件導向的，所以沒有上游操作者可以對錯誤做出反應，因此 Lambda 會具有更複雜的錯誤處理模型。

首先，如果在此叫用模型中檢測到錯誤，則 Lambda（預設情況下）將重試該事件，最多再進行兩次（總共三次嘗試），兩次重試之間會有延遲（沒有記錄確切的延遲，但稍後再看一個範例）。

如果 Lambda 函式所有重試皆失敗，則該事件將被發佈到函式的錯誤目標和 / 或無效信件佇列中（如果已配置兩者中的任何一個）（稍後會對此進行詳細介紹）；否則，該事件將被丟棄並遺失。

串流 / 佇列事件來源

在沒有配置錯誤處理策略的情況下（請見第 195 頁的「處理 Kinesis 和 DynamoDB 串流錯誤」），如果在處理來自串流 / 佇列事件來源的事件時發生錯誤，錯誤將回傳到 Lambda 執行時間，則 Lambda 將持續重試該事件，直到（a）失敗事件在上游來源過期或（b）問題解決為止。這表示在解決錯誤之前，將阻止串流或佇列的處理。請注意，當串流擴展為多個碎片（shards）時，處理上會有些微差別，我們建議您做些研究看看這是否適合您。

當您考慮使用 Lambda 進行錯誤處理時，以下文件非常有用：

- AWS Lambda 中的錯誤處理和自動重試（*https://oreil.ly/4wxMf*）
- Java 中的 AWS Lambda 函式錯誤（*https://oreil.ly/ag0cu*）

探究非同步事件來源錯誤

非同步事件來源是 Lambda 的流行用法，並且具有復雜的錯誤處理模型，因此讓我們透過範例更深入地研究該主題。

重試

讓我們從下面的程式碼開始：

```java
package book;

import com.amazonaws.services.lambda.runtime.events.S3Event;

public class S3ErroringLambda {
  public void handler(S3Event event) {
    System.out.println("Received new S3 event");
    throw new RuntimeException("This function unable to process S3 Events");
  }
}
```

我們採用與第五章中的 `BatchEventsLambda` 函式相同的方式將其連接到 S3 儲存貯體，稍後我們會再看到 SAM 範本。

如果我們將檔案上傳到和這個函式串接的 S3 儲存貯體上，就會拋出錯誤，並且該錯誤內容會顯示在 CloudWatch 的日誌紀錄中，如圖 8-1 所示。

請注意，Lambda 會嘗試處理 S3 事件 3 次，一次是在 20:44:00，然後大約是一分鐘後再重試，然後大約兩分鐘之後再次重試。這是 Lambda 對非同步事件來源的預設操作，總共是 3 次的嘗試。

當然，我們可以使用分開獨立的 CloudFormation 資源來配置 Lambda 將會執行的重試次數（0、1 或 2）。例如，第 114 頁「範例：建立無伺服器資料管線」中的 `SingleEventLambda` 函式，我們可以透過範本的配置，讓函式不做任何的重試。請在應用程式範本內添加下面內容：

```yaml
SingleEventInvokeConfig:
  Type: AWS::Lambda::EventInvokeConfig
  Properties:
    FunctionName: !Ref SingleEventLambda
    Qualifier: "$LATEST"
    MaximumRetryAttempts: 0
```

```
2019-08-05T20:44:00.756000 START RequestId: 0a5ea9bf-4dbf-4270-bb67-d69f02922a59 Version: $LATEST
2019-08-05T20:44:01.390000 Received new S3 event
2019-08-05T20:44:01.673000 This function unable to process S3 Events: java.lang.RuntimeException
java.lang.RuntimeException: This function unable to process S3 Events
        at book.S3ErroringLambda.handler(S3ErroringLambda.java:8)
        at sun.reflect.NativeMethodAccessorImpl.invoke0(Native Method)
        at sun.reflect.NativeMethodAccessorImpl.invoke(NativeMethodAccessorImpl.java:62)
        at sun.reflect.DelegatingMethodAccessorImpl.invoke(DelegatingMethodAccessorImpl.java:43)
        at java.lang.reflect.Method.invoke(Method.java:498)
2019-08-05T20:44:02.894000 END RequestId: 0a5ea9bf-4dbf-4270-bb67-d69f02922a59
2019-08-05T20:44:02.894000 REPORT RequestId: 0a5ea9bf-4dbf-4270-bb67-d69f02922a59 ...

2019-08-05T20:45:01.063000 START RequestId: 0a5ea9bf-4dbf-4270-bb67-d69f02922a59 Version: $LATEST
2019-08-05T20:45:01.068000 Received new S3 event
2019-08-05T20:45:01.069000 This function unable to process S3 Events: java.lang.RuntimeException
java.lang.RuntimeException: This function unable to process S3 Events
        at book.S3ErroringLambda.handler(S3ErroringLambda.java:8)
        at sun.reflect.NativeMethodAccessorImpl.invoke0(Native Method)
        at sun.reflect.NativeMethodAccessorImpl.invoke(NativeMethodAccessorImpl.java:62)
        at sun.reflect.DelegatingMethodAccessorImpl.invoke(DelegatingMethodAccessorImpl.java:43)
        at java.lang.reflect.Method.invoke(Method.java:498)
2019-08-05T20:45:01.074000 END RequestId: 0a5ea9bf-4dbf-4270-bb67-d69f02922a59
2019-08-05T20:45:01.074000 REPORT RequestId: 0a5ea9bf-4dbf-4270-bb67-d69f02922a59 ...

2019-08-05T20:47:06.235000 START RequestId: 0a5ea9bf-4dbf-4270-bb67-d69f02922a59 Version: $LATEST
2019-08-05T20:47:06.238000 Received new S3 event
2019-08-05T20:47:06.239000 This function unable to process S3 Events: java.lang.RuntimeException
java.lang.RuntimeException: This function unable to process S3 Events
        at book.S3ErroringLambda.handler(S3ErroringLambda.java:8)
        at sun.reflect.NativeMethodAccessorImpl.invoke0(Native Method)
        at sun.reflect.NativeMethodAccessorImpl.invoke(NativeMethodAccessorImpl.java:62)
        at sun.reflect.DelegatingMethodAccessorImpl.invoke(DelegatingMethodAccessorImpl.java:43)
        at java.lang.reflect.Method.invoke(Method.java:498)
2019-08-05T20:47:06.242000 END RequestId: 0a5ea9bf-4dbf-4270-bb67-d69f02922a59
2019-08-05T20:47:06.242000 REPORT RequestId: 0a5ea9bf-4dbf-4270-bb67-d69f02922a59 ...
```

圖 8-1　Lambda 的 S3 錯誤日誌紀錄

如果我們不做任何進一步的配置，則在所有重試（如果有）完成之後，Lambda 將不會做任何其他事情，而事件的相關資訊也只會簡要地被記錄，但最終將被丟棄。對於 S3 之類的服務來說還算不錯，我們以後總是可以列出 S3 中的所有物件。但是對於其他事件來源，如果錯誤原因被解決了，而之前錯誤期間的事件卻無法被再次產生，便將會導致問題的出現。有兩個解決方案，無效信件佇列和目的地（destinations）。無效信件佇列的存在已經很久了，因此我們首先要先對其描述，但是目的地具有更多功能。

無效信件佇列

Lambda 提供了將所有重試失敗的事件（對於非同步來源）自動轉發到無效信件佇列
（DLQ）的功能。該 DLQ 可以是 SNS 主題，也可以是 SQS 佇列。一旦事件在 SNS 或
SQS 中，您就可以透過腳本立即執行任何操作，或者手動進行處理。例如，您可以將
一個 Lambda 函式註冊為 SNS 主題傾聽器（listener），該函式將失敗事件的副本發佈到
Slack 頻道以進行手動處理。

DLQ 可以與 Lambda 函式的所有其他 AWS 資源的組件一起配置，因此我們可以將 DLQ
和 DLQ 處理函式添加到 SAM 範本中。

範例 8-1　DLQ 和 DLQ 傾聽器的 SAM 範本

```
AWSTemplateFormatVersion: 2010-09-09
Transform: AWS::Serverless-2016-10-31
Description: chapter8-s3-errors

Resources:
  DLQ:
    Type: AWS::SNS::Topic

  ErrorTriggeringBucket:
    Type: AWS::S3::Bucket
    Properties:
      BucketName: !Sub ${AWS::AccountId}-${AWS::Region}-errortrigger

  S3ErroringLambda:
    Type: AWS::Serverless::Function
    Properties:
      Runtime: java8
      MemorySize: 512
      Handler: book.S3ErroringLambda::handler
      CodeUri: target/lambda.zip
      DeadLetterQueue:
        Type: SNS
        TargetArn: !Ref DLQ
      Events:
        S3Event:
          Type: S3
          Properties:
            Bucket: !Ref ErrorTriggeringBucket
            Events: s3:ObjectCreated:*

  DLQProcessingLambda:
    Type: AWS::Serverless::Function
```

```
Properties:
  Runtime: java8
  MemorySize: 512
  Handler: book.DLQProcessingLambda::handler
  CodeUri: target/lambda.zip
  Events:
    SnsEvent:
      Type: SNS
      Properties:
        Topic: !Ref DLQ
```

需要了解的重點如下：

* 我們定義了自己的 SNS 主題以充當 DLQ。

* 在應用程式的函式（S3ErroringLambda）設定中，我們指定該函式的 DLQ 類型為 SNS，並且 DLQ 訊息應發送到我們在此範本中創建的主題。

* 我們還定義了一個獨立的函式（DLQProcessingLambda），該函式由發送到 DLQ 的事件觸發。

我們的 DLQProcessingLambda 程式碼如下：

```
package book;

import com.amazonaws.services.lambda.runtime.events.SNSEvent;

public class DLQProcessingLambda {
  public void handler(SNSEvent event) {
    event.getRecords().forEach(snsRecord ->
        System.out.println("Received DLQ event: " + snsRecord.toString())
    );
  }
}
```

現在，如果將檔案上傳到 S3，並且在 S3ErroringLambda 嘗試完之後，最終我們會在 DLQProcessingLambda 的日誌中看到以下內容：

```
Received DLQ event: {sns: {messageAttributes:
    {RequestID={type: String,value: ff294606-e377-4bad-8f2a-4c5f88042656},
     ErrorCode={type: String,value: 200}, ...
```

發送到 DLQ 處理函式的事件包括失敗的完整原始事件，使您可以保存此事件並稍後處理。它還包括原始事件的 RequestID，可讓您在應用程式 Lambda 函式的日誌紀錄中搜索錯誤原因的線索。

儘管在此範例中，我們將所有 DLQ 資源放在應用程式本身相同的範本中，但是您可以選擇將其獨立出來，成為獨立的資源，進而在應用程式之間共享這些 DLQ 元素。

目的地（Destination）

在 2019 年底，AWS 引入了 DLQ 的替代方法來捕獲失敗事件：目的地（*https://oreil.ly/XT6Ds*）。目的地實際上比 DLQ 更強大，因為您可以捕獲非同步事件的錯誤執行*和*成功執行狀況。

此外，目的地比 DLQ 支持更多目標類型。與 DLQ 一樣，也支持 SNS 和 SQS，但是您也可以直接路由到另一個 Lambda 函式（跳過訊息匯流排的部分）或 EventBridge。

要配置目的地，我們使用與先前配置重試計數時創建的 AWS::Lambda::EventInvokeConfig 資源相同的類型（請見第 190 頁的「重試」）。例如，我們將上一個範例中的 DLQ 替換為目的地，範本內容更改如下：

```
AWSTemplateFormatVersion: 2010-09-09
Transform: AWS::Serverless-2016-10-31
Description: chapter8-s3-errors

Resources:
  ErrorTriggeringBucket:
    Type: AWS::S3::Bucket
    Properties:
      BucketName: !Sub ${AWS::AccountId}-${AWS::Region}-errortrigger

  S3ErroringLambda:
    Type: AWS::Serverless::Function
    Properties:
      Runtime: java8
      MemorySize: 512
      Handler: book.S3ErroringLambda::handler
      CodeUri: target/lambda.zip
      Events:
        S3Event:
          Type: S3
          Properties:
            Bucket: !Ref ErrorTriggeringBucket
            Events: s3:ObjectCreated:*
      Policies:
        — LambdaInvokePolicy:
            FunctionName: !Ref ErrorProcessingLambda

  ErrorProcessingLambda:
```

```
    Type: AWS::Serverless::Function
    Properties:
      Runtime: java8
      MemorySize: 512
      Handler: book.ErrorProcessingLambda::handler
      CodeUri: target/lambda.zip

  S3ErroringLambdaInvokeConfig:
    Type: AWS::Lambda::EventInvokeConfig
    Properties:
      FunctionName: !Ref S3ErroringLambda
      Qualifier: "$LATEST"
      DestinationConfig:
        OnFailure:
          Destination: !GetAtt ErrorProcessingLambda.Arn
```

此範例有幾個要點需要注意：

- 沒有明確的佇列或主題。

- 於範本最下方的目的地（Destination）中定義，當 S3ErroringLambda 失敗時，我們希望將事件發送到 ErrorProcessingLambda。

- 我們可以透過 S3ErroringLambda 資源上的 Policies 屬性啟用該函式，叫用錯誤處理函式的權限。

發送到 ErrorProcessingLambda 的事件與發送到 DLQ 的事件類型不同。在撰寫本書時 aws-lambda-java-events 程式庫尚未更新，所以沒有納入 Destination 類型，加上這些物件的欄位命名問題，反序列化這些類型會非常棘手。理想情況下，當您閱讀本書時，此問題已得到解決！

目的地很可能會取代 DLQ 的大多數用法，我們也很感興趣地看看人們如何使用 OnSuccess 版本的目的地來建構有趣的解決方案。

處理 Kinesis 和 DynamoDB 串流錯誤

在 2019 年末，AWS 為 Kinesis 和 DynamoDB 串流事件來源添加了許多失敗處理功能（*https://oreil.ly/gWKX-*）。這些新功能可以避免出現「毒藥丸（poison pill）」情況，在這種情況下，單個不良紀錄可能會阻止串流（或碎片）處理長達一個禮拜（取決於串流將紀錄保留多長時間）。

可以透過 SAM（或 CloudFormation）配置失敗處理功能，並且當 Lambda 函式無法處理 Kinesis 或 DynamoDB 串流中的一批紀錄時，可以應用錯誤處理功能。新功能如下：

二分函式錯誤（*Bisect on Function Error*）

> 當 Lambda 叫用失敗時，會將該批次分為兩部分，並分別重試這兩個部分。透過每次分成兩部分處理的方式，可以自動將失敗範圍縮小至引起問題的個別紀錄，並且透過其他錯誤處理功能來處理這些紀錄。

最早紀錄期限（*Maximum Record Age*）

> 這指示 Lambda 函式跳過早於指定的「最大紀錄期限」（可以從 60 秒到 7 天）的紀錄。

最大嘗試重視次數（*Maximum Retry Attempts*）

> 此功能重試失敗的批次達可配置的次數，然後將有關紀錄批次的訊息發送到配置的**失敗目的地**（on-failure destination）（也就是下一個功能）。

失敗時的目的地（*Destination on Failure*）

> 這是一個 SNS 主題或 SQS 佇列，將接收有關失敗批次的訊息。請注意，它不會收到實際的失敗紀錄，這些紀錄必須在串流過期之前從串流中提取出來。

全面的錯誤處理方法可以（並且應該）結合所有這些功能。例如，可以將失敗的紀錄批次拆分（也許幾次），直到有單個紀錄批次導致失敗為止。該紀錄批次處理可能會重試 10 次，或者直到該紀錄已使用 15 分鐘，屆時該批處理的詳細資訊（及其單個失敗紀錄）將發送到 SNS 主題。之後可以將一個單獨的 Lambda 用於訂閱該 SNS 主題，自動從串流中檢索失敗的紀錄，並將其儲存在 S3 中以供日後調查。

用 X-Ray 追蹤錯誤

如果您使用的是 AWS X-Ray（在第 179 頁的「分散式追蹤」中討論了），那麼它將能夠顯示組件圖中發生錯誤的位置。有關更多詳細資訊，請見第 182 頁中的「查詢錯誤」和 X-Ray 文件。

錯誤處理策略

因此，鑑於我們現在對錯誤以及 Lambda 處理錯誤的能力和行為所了解的一切，我們應該如何選擇處理錯誤的方法？

對於未處理的錯誤，我們應該設置監控（請參閱第 177 頁的「警示」），並且當發生錯誤時，我們可能需要某種手動干預。這種急迫性將取決於上下脈絡以及事件來源的類型。請記住若來源是串流 / 佇列事件，處理常式將被暫停，直到錯誤消除為止。

但是，對於已處理的錯誤，我們可以有不同的後續處理方式，像是應該處理錯誤並重新拋出錯誤，還是應該捕獲錯誤並乾淨地退出函式呢？同樣地，這將取決於上下脈絡和叫用類型，但以下是一些想法。

對於同步事件來源，您可能希望將某種錯誤返回給原始叫用者。通常，您需要在 Lambda 程式碼中明確地執行此操作，然後返回格式正確的錯誤。不過，這裡的問題是 Lambda 不知道這是否是錯誤，因此您需要手動追蹤該指標。讓未處理的錯誤從同步叫用的 Lambdas 中冒出來的問題是，您無法控制返回給上游客戶端的錯誤。

對於非同步事件來源，您的操作將在很大程度上取決於您要使用 DLQ 還是目的地，不過無論是讓錯誤往上拋出或拋出自定義錯誤，然後再處理來自 DLQ 或目的地訊息中的任何錯誤，通常都沒有什麼壞處。但是，如果您不使用 DLQ 或目的地，那麼如果您的程式碼中發生錯誤，則可能至少要記錄失敗的輸入事件。

對於 Kinesis 和 DynamoDB 串流事件來源，若使用前面描述的失敗處理功能之一，即使在某些紀錄導致錯誤的情況下，也能繼續進行處理。使用正確配置的「**失敗時的目的地（Destination on Failure）**」，這是一種有效的錯誤處理策略，儘管它假設了應用程式處理非順序性的紀錄是安全的。如果有順序性的限制，請考慮略過失敗處理功能，並依靠平台的自動重試行為（在這種情況下，這將讓處理常式停止，直到錯誤解決或紀錄到期為止）。

對於 SQS，您通常需要在程式碼中處理錯誤，否則將無法做進一步的處理。一種有效的方法是在處理常式中放置一個頂層 try-catch 區塊。在此區塊內，您可以設置自己的重試策略或記錄失敗事件並徹底退出該函式。在某些情況下，您確實希望阻止進一步的事件處理，直到解決導致錯誤的問題為止，若是如此，您可以從頂層 try-catch 區塊中拋出一個新錯誤，並使用平台的自動重試行為。

擴展

在第五章中，我們談到了 Lambda 最有價值的面向之一——它無須任何努力即可自動擴展的能力（見圖 5-10）。在資料管線範例中，我們使用了這種自動擴展功能來實現「扇出」模式，平行處理許多小事件。

這是 Lambda 擴展模型的關鍵，如果在發生新事件時正在使用該函式所有的實體，則 Lambda 將自動創建一個新實體，將該函式**向外擴展**以處理新事件。

最終，在一段沒有活動的時間之後，將回收、按比例擴展（縮小）函式實體數量。

從成本角度來看，Lambda 保證僅在函式處理事件時才向我們收費，因此在一個函式實體中依序處理一百個 Lambda 事件的成本與在一百個實體中並行處理事件的成本相同（取決於冷啟動（cold start）所涉及的任何額外時間成本，我們將在本章後面介紹）。

當然，Lambda 擴展具有其限制，我們稍後會檢視，但首先讓我們看一下 Lambda 神奇的自動擴展。

觀察 Lambda 擴展

讓我們從以下程式碼開始：

```
package book;

public class MyLambda {
  private static final String instanceID =
    java.util.UUID.randomUUID().toString();

  public String handler(String input) {
    return "This is function instance " + instanceID;
  }
}
```

每個函式實體皆會實體化一次函式處理程式類別的靜態成員和實體成員。我們將在稍後的冷啟動部分中對此進行進一步討論。因此，如果我們連續叫用五次之前的程式碼，instanceID 成員始終會返回相同的值。

現在，稍微更改一下代碼，添加一個 sleep 語句：

```
package book;

public class MyLambda {
  private static final String instanceID =
    java.util.UUID.randomUUID().toString();

  public String handler(String input) throws Exception {
    Thread.sleep(5000);
    return "This is function instance " + instanceID;
  }
}
```

確保您部署的程式碼，其中要包含至少六秒鐘以上的逾時配置；否則，將會拋出逾時錯誤！

現在平行叫用該函式幾次。一種方法是從多個終端機選分頁來執行相同的 aws lambda invoke 指令。現在，根據您在終端機上瀏覽抽籤的速度，會看到不同的叫用返回了不同的容器 ID。

這是一個可見的行為，因為當 Lambda 收到第二個叫用您的函式的請求時，之前用於第一個請求的容器仍在處理該請求，因此 Lambda 因為自動擴展，主動創建了一個新實體以處理第二個請求。如果您速度夠快的話，新實體的創建也會發生在第三個和第四個請求上。

這是直接叫用 Lambda 函式的範例，而且這也和大多數事件來源（包括 API Gateway、S3 或 SNS）的 Lambda 擴展行為相同，每當 Lambda 函式被叫用且目前的實體數量達不到事件負載的需求時就會發生神奇的自動擴展功能，無須任何功夫！

擴展的限制和調節

AWS 並不是無限的計算機，Lambda 的擴展規模受到限制，Amazon 限制了每個區域每個 AWS 帳戶所有函式的並行執行次數。預設情況下，在撰寫本書時，此限制為一千，但是您可以要求增加支援的請求數目限制。之所以存在此限制，部分原因是因為我們生活在物質世界中，這是實質上的限制；另一方面是，您的 AWS 帳單不會出現天文數字！

如果達到此限制，您將開始遇到**調節**（throttling），並且您會知道這一點，因為 Lambda 函式的整個帳戶範圍內的 Throttles CloudWatch 指標會突然大於零。因此這是一個絕佳的 Cloudwatch 警示指標（我們在第 174 頁的「指標」中討論了指標和警示的設置）。

當您的函式受到調節時，AWS 表現出的行為很像是您的函式拋出錯誤時的行為（我們在第 188 頁的「Lambda 錯誤處理的不同行為」討論過），至於其他方面的話，這取決於事件來源的類型。綜上所述：

- 對於同步事件來源（例如 API Gateway），調節被視為錯誤，並作為 HTTP 狀態碼 500 錯誤傳遞回叫用者。

- 對於非同步事件源（例如 S3），預設情況下，Lambda 將重試叫用 Lambda 函式長達六個小時。這是可配置的，例如使用第 190 頁「重試」中介紹的 AWS::Lambda::EventInvokeConfigCloudFormation 資源（*https://oreil.ly/by8cO*）的 MaximumEventAgeIn Seconds 屬性。

- 對於串流 / 佇列事件來源（例如 Kinesis），Lambda 將阻止程序進行並重試，直到成功或資料過期。

基於串流的資源還可能具有其他擴展限制，例如基於串流的碎片數和配置的 ParallelizationFactor（*https://oreil.ly/4RSoj*）。

由於 Lambda 並行限制是整個帳戶的，因此要意識到的一個重點是，一個擴展得特別大的 Lambda 函式可能會影響同一 AWS 帳戶加上區域中的所有其他 Lambda 函式。因此，強烈建議您至少使用分別且獨立的 AWS 帳戶在正式環境設置和測試，因為對暫存環境執行負載測試，而導致正式環境遭遇阻斷服務（DoS、denial-of-servicing）時的情況將特別尷尬且難以解釋！

但是，除了正式環境帳戶與測試帳戶分離之外，我們還建議在一個 AWS「組織」中為您的生態系統中的不同「服務」使用不同的 AWS「子帳戶」，以進一步避免出現帳戶範圍限制的問題。

突發限制（Burst limit）

提到的限制和調節是指 Lambda 函式可用的總容量。但是，偶爾需要注意另一個限制——**突發限制**。這是指 Lambda 函式可以擴展的**多快**（相對於多寬）。預設情況下，Lambda 可以每分鐘最多擴展 500 個函式實體，一開始可能會提升較快。如果您的工作負載爆發速度超過此速度（我們已經看過了一些會超過的例子），那麼您將需要了解突發限制，並可能需要考慮要求 AWS 增加您的突發限制。

預留並行（Reserved concurrency）

前面我們剛剛提到過，一個 Lambda 函式的擴展範圍特別大，它可以透過使用所有可用的並行來影響帳戶其餘的部分。Lambda 有一個工具可以幫助解決此問題——**預留並行**配置，可以將其應用於函式的配置上。

預留並行的設定做了兩件事：

- 它確保特定函式始終具有最多可用的並行量，而不管帳戶中任何其他函式正在執行什麼操作。
- 它限制了該函式的擴展範圍**不得超過該並行量**。

第二個功能具有一些有用的好處，我們將在第 236 頁的「解決方案：透過預留並行管理擴展」中討論。

如果您使用 SAM 定義應用程式的基礎設施，則可以使用 AWS::Serverless::Function 資源類型的 ReservedConcurrentExecutions 屬性來設置預留並行。

多緒安全（Thread Safety）

由於使用了 Lambda 的擴展模型，我們可以確保在任何時候每個函式實體最多處理一個事件。換句話說，您不必擔心在個別函式執行時間會同時處理多個事件，更不用說在函式物件實體中了。因此，除非您創建自己的執行緒，否則 Lambda 程式設計上完全是多緒安全的。

Lambda 和執行緒

應用程式產生新的執行緒通常有以下幾個原因：

- 透過允許應用程式在同一程序中一次處理多個請求來提供擴展
- 跨多個 CPU 核心執行平行運算
- 對外部資源執行非阻塞 I/O，以便在 I/O 請求完成時可以繼續工作

在這些用途中，第一個用途（透過執行緒進行擴展以處理多個請求）在 Lambda 中是不必要的。正如我們剛剛描述的那樣，Lambda 平台使用基於程序的擴展模型，每個請求叫用一個不同的 Lambda 執行時間實體。

第二種用法在 Lambda 開發中很少見。但是，如果確實需要此功能，且您為記憶體指定超過 1792MB 的大小，則 Lambda 將提供兩個執行核心。但是，如果需要執行平行運算，則可以「扇出」處理，就像我們在第 114 頁「範例：建立無伺服器資料管線」中所做的一樣。

最後一種情況是一種常見的使用模式，即使在 Lambda 開發中，也很可能會遇到這種情況。因此，一定要了解 Lambda 與您的程式碼所產生的執行緒是如何進行互動的。

關鍵是 AWS Lambda 執行內容文件中的此部分（*https://oreil.ly/K5Ukb*）：

> 如果 AWS Lambda 選擇重新使用執行內容（Lambda 函式實體），由您的 Lambda 函式所起始的、未完成的背景處理或回呼（callback）將會在中斷處繼續。因此您應該要確保程式碼中的任何背景程序或回呼在程式碼結束前已完成。

這表示您可以任意的創造您的執行緒，但必須知道以下兩件事：

- 當您從處理常式函式返回時，這些執行緒將被「凍結」。
- 如果重用了您在其中生成執行緒的 Lambda 執行時間，則這些執行緒將在先前處理的事件中斷處繼續。

通常，您需要確保所有衍生的執行緒都已完成處理，然後再從處理常式中返回。在不擋住外部請求的情況下，這表示您要等到這些請求完成或逾時後再繼續處理。

最後，請記住，許多 Java 程式庫都會代替您創建執行緒，因此引入這類型的程式庫時應該要特別注意。

垂直擴展

Lambda 幾乎所有的擴展能力都是「水平的」，即它具有擴展能力以平行處理多個事件。這與「垂直」擴展相反，「垂直」擴展是透過增加單個節點的計算能力來處理更多負載的能力。

Lambda 在其記憶體配置中還具有基本的垂直擴展選項。我們在第 60 頁的「記憶體和 CPU」中進行了討論。

版本、別名和流量轉移

到目前為止，您在使用 Lambda 進行實驗時，可能偶爾會看到字串「$LATEST」出現。這是對 Lambda 函式版本的引用。版本不只是 $LATEST，還有更多功能，讓我們來看一下。

Lambda 版本

每當我們為 Lambda 函式部署新配置或新程式碼時，我們總是會覆蓋之前的內容。舊函式已死，新函式萬歲。

但是，Lambda 支援使用名為 Lambda Function Versioning 的功能保留這些舊函式。

在不明確地指定版本的情況下，Lambda 在任何時刻都只能具有您的函式的一個版本。它的名稱是 $LATEST，您可以明確地引用它。或者，如果您未指定版本（或別名，稍後我們會看到），則也將隱含地（預設）引用 $LATEST。

但是,在創建或更新函式時,您也可以將特定時間點的函式快照設定成為特定版本。版本的識別字是一個線性計數器,從 1 開始。您不能編輯版本,這表示僅從當前 $LATEST 版本創建版本快照才有意義。

您可以透過在其 ARN 中添加 :VERSIONIDENTIFIER 來明確地叫用該版本的函式,或者如果使用 AWS CLI,則可以在 aws lambda invoke 命令中添加 --qualifier *VERSION-IDENTIFIER* 參數。

您可以使用各種 AWS CLI 命令或 Web 控制台創建版本。您無法使用 SAM 明確地創建版本,但是在使用別名(aliases)時可以隱含地創建,我們將在下面進行解釋。

Lambda 別名

雖然您可以明確地引用 Lambda 函式的版本編號,但在使用版本時,更常見的是使用別名。別名是指向 Lambda 版本($LATEST 或數字版本快照)的命名指標。別名可以隨時更新以指向其他版本。例如,您可能在一開始時是指向 $LATEST,但是當您想添加穩定性時,會指向另外一個特定版本別名。

您可以透過與函式版本完全相同的方式來叫用函式的別名,方法是在 ARN 或 CLI 的 --qualifier 參數中進行指定。並且如果事件處理需要特定版本的支援,可以將事件來源配置為指向特定別名,則來自事件來源的事件將流向該版本。

叫用別名時,要小心

知道您是否使用別名和版本的一件有用的事情是,Lambda 函式能夠透過呼叫處理常式 Context 物件的 getInvokedFunctionArn() 方法來知道使用哪個別名或版本來叫用該函式(如果有)。因此,您可以從別名得知您目前該使用哪個資料庫(DEV 或 PROD)。

但是,如果您的 DEV 別名和 PROD 別名都指向相同的函式版本,則此版本的函式實體可以處理這兩個別名的事件——這是因為無論涉及的別名如何,Lambda 平台將為一個版本重複使用此實體。因此,當您的 Lambda 函式中可能具有任何指名別名的邏輯時,都必須要注意是否有這樣的情況。例如,您可以選擇為每個事件叫用重置連接,或者為不同的別名保留多個交叉叫用狀態物件(cross-invocation state object)。

使用 SAM 部署 Lambda 函式時，可以定義一個別名，該別名會自動更新以指向最新發佈的版本。為此，您可以添加 AutoPublishAlias 屬性，並提供一個別名作為值。

但是，在 SAM 中使用別名還有更強大的功能。

流量轉移（Traffic Shifting）

如果您將 Lambda 函式的 AutoPublishAlias 屬性與 SAM 一起使用，則來自事件來源的所有事件都將立即路由到該函式的新版本。如果出現問題，您可以手動更新別名以指向先前的版本。

Lambda 和 SAM 還具有透過機率來分配流量，將一些流量導到新版本並且將一些導到舊版本來逐步發布新功能。這表示如果出現問題，則並非所有流量都受到該問題的影響，最終還是可以視需要回滾（rollback）。

第二個改進是，如果檢測到錯誤，則可以自動執行回滾，您可以在其中定義幾種不同方式來計算錯誤。

這項工作涉及很多變動的組件 ——Lambda 別名、Lambda 別名更新政策以及 AWS CodeDeploy（*https://oreil.ly/t2gIB*）服務。幸運的是，SAM 為您完成了所有相關的工作，讓您不必擔心所有刺眼的細節。您需要做的主要事情是將 DeploymentPreference 屬性添加到 Lambda 函式的 SAM 範本中，而這裡有詳細的文件紀錄（*https://oreil.ly/EhJaS*）。

使用流量轉移時需要做出的選擇是如何將流量轉移到新別名，有以下四種選項：

一次到位

> 乍看之下，這聽起來與 AutoPublishAlias 相同，但實際上它的功能要強大得多，因為您有機會透過「勾點」（hook）自動回滾部署，這將在稍後描述。這是 Lambda 的藍綠部署（Blue Green Deployment）（*https://oreil.ly/qowK1*）的全自動實現。

金絲雀

> 向新版本發送少量流量，如果可行，則發送剩餘流量；否則，請回滾。

線性

> 與金絲雀類似，但是將流量百分比發送到新版本，但仍允許回滾。

自訂

> 自己決定要如何在舊別名和新別名之間分配流量。

正如我們已經提到的，這裡強大功能是可以透過兩種不同的機制（勾點和警示）來實現自動回滾。

勾點觸發的回滾可用於任何以前的方案。您可以定義**流量轉移前勾點**和／或**流量轉移後勾點**。這些勾點就是其他的 Lambda 函式，它們將運行其所需要的任何邏輯來決定部署是否成功——在任何流量路由到新別名之前或在所有流量轉移之後。

警示可用於提供逐步流量轉移的方案。您可以定義任意數量的 *CloudWatch* 警示（我們在第 177 頁的「警示」中進行了討論），如果這些警示中的任何一個轉變為警示狀態，則將回滾回到原始別名。

有關 Lambda 流量轉移的更多詳細資訊，請見 SAM 文件（*https://oreil.ly/SXGLS*）。

何時（不）使用版本和別名？

Lambda 的流量轉移功能非常強大，您可以在 Lambda 程式碼的上游使用 Canary 發佈方案，因為它可能對您很有用。

但是，除了流量轉移之外，在其他地方，我們應該嘗試避免使用版本和別名，因為我們發現它們通常會增加不必要的複雜性，相反地我們更喜歡使用替代技術。例如，為了分離開發版本和正式版本的程式碼，我們更喜歡使用不同的已部署堆疊。對於「回滾」程式碼，我們的偏好是使用快速執行的部署管線，並在來源倉儲（repository）中回滾，進而透過管線觸發新的提交（commit）。

 偶爾您會看到某些事件來源使用（並建議使用）Lambda 別名。一個範例是將 Lambda 和 AWS Application Load Balancer（ALB）（*https://oreil.ly/4U1ZD*）整合使用時。

如果您確實需要使用版本和別名，除了之前的函式實體警告，請注意以下幾個「陷阱」：

- 版本不會自動清除，因此您需要定期刪除舊版本。否則，您可能會發現帳戶級別的「函式和圖層儲存體」（function and layer storage）達到了 75GB 的限制。

- 當您使用別名和版本時，由於會在 CloudWatch 指標上增加別名和版本的維度，所以 AWS 的 Lambda 管理主控台中的預設 CloudWatch 指標視圖會變得有些奇怪。因此要明確說明使用 CloudWatch 指標時要查看的資料是屬於哪個版本或別名的 Lambda。

冷啟動（Cold Starts）

現在，我們進入棘手的主題——**冷啟動**。冷啟動可能只是 Lambda 開發人員生命中的一個小註腳，但是對於 Lambda 可能是一個完全的阻礙，即使被認定是一個有效的計算平台。我們發現最好解釋冷啟動的方法是在這兩點之間——那些值得理解的和需要嚴格對待的，且大部分情形下都不會被半途放棄的。

但是什麼是冷啟動？它們是怎樣開始的？它們會產生什麼影響？我們如何減輕它們的影響呢？冷啟動引發了許多恐懼、不確定和懷疑（fear, uncertainty, and doubt，FUD），我們希望在此為您去除一些 FUD。現在讓我們深入研究吧。

冷啟動是什麼？

在第三章中，我們探討了第一次叫用 Lambda 函式時發生的活動鏈（chain of activity）（圖 3-1），從啟動主機 Linux 環境到叫用處理常式函式。在這兩個活動之間，會啟動 JVM 以及 Lambda Java Runtime，載入我們的程式碼，並且根據我們 Lambda 函式的確切性質，可能還會發生更多的事情。我們將該鏈條歸為一組，稱為**冷啟動**，最終結果會出現一個 Lambda 函式的新**實體**（執行環境、執行時間和我們的程式碼）可用於處理事件。

這裡的重點是，所有這些活動發生的時間點都在*叫用 Lambda 函式時*發生，而不是在叫用之前發生。換句話說，Lambda 不會僅在部署 Lambda 程式碼時創建函式實體，而是視需要創建它們。

但是，冷啟動是特殊的情況，而不是每次叫用時都會發生的事情，因為通常 Lambda 不會針對觸發我們函式的每個事件執行冷啟動。這是因為一旦函式執行完畢，Lambda 可以**凍結**（*https://oreil.ly/YrC-W*）實體，並將其保留一會兒，以防其他事件很快發生。如果事件確實很快發生，則 Lambda 將**解凍**該實體並隨事件一起叫用它。實際上，對於許多 Lambda 函式來說，冷啟動的發生時間少於 1%，但是知道何時發生冷啟動仍然很有用。

何時會發生冷啟動？

每當沒有可用的函式實體可用於處理事件時，都必須進行冷啟動。在以下時間點發生這種情況：

1. 當 Lambda 函式的程式碼或配置更改時（包括部署函式的第一個版本時）

2. 當所有先前的實體，由於不活動而過期時

3. 因為存在時間達到限制，導致實體被「回收」

4. 當目前所需函式的所有實體已經在處理事件，所以 Lambda 需要擴展時

讓我們更詳細地介紹這四種類型的事件。

1. 就像我們已經看到的那樣，當我們第一次部署函式時，Lambda 會創建一個函式實體。但是，在部署函式程式碼的新版本之後或更改函式的 Lambda 配置時，只要叫用函式，Lambda 還將創建一個新實體。這樣的配置不僅涵蓋環境變數，還涵蓋諸如逾時、記憶體設置、DLQ 等執行時間面向。

   而這樣可以推論，無論叫用多少次，Lambda 函式的每個實體都可以確保具有相同的程式碼和配置。

2. 如果另一個事件「很快地」發生，Lambda 將保留函式實體一段時間。「很快地」沒有明確的定義紀錄，但是可以在幾分鐘到幾小時之間（並且不一定是恆定的）。換句話說，如果您的函式處理了一個事件，然後在一分鐘後又發生了另一個事件，則很有可能使用與處理第一個事件相同的函式實體來處理第二個事件。但是，如果兩個事件之間有一天或更長時間，則您的函式可能會在每次事件都經歷冷啟動。過去，有些人使用「ping hack」來解決此問題並使函式保持「活動」狀態，但是在 2019 年末，AWS 引入了佈建並行（Provisioned Concurrency）（請參閱第 212 頁的「佈建並行」）來解決此類型的問題。

3. 即使您的 Lambda 事件接受得非常活躍，每隔幾秒鐘就會被使用，Amazon 也不會永遠保留它們。AWS 讓實體保留多長時間仍未被記錄，但是在撰寫本書時，我們看到實體會存活大概五到六個小時，然後實體就會被殺死。

4. 最後，如果一個函式目前所有的實體已經在忙於處理事件並且 Lambda「向外擴展」，則會發生冷啟動，如本章前面所述。

識別冷啟動

您怎麼知道何時開始冷啟動？可以做到的方法有很多，而這裡提供了一些。

首先，您會注意到延遲高峰。冷啟動通常會增加 100 毫秒到 10 秒的延遲時間，這取決於函式的組成。因此，如果您的函式通常花費的時間少於此，則在函式的延遲指標中很容易看到冷啟動的蹤影。

接下來，您將能夠透過 Lambda 的日誌紀錄而得知冷啟動的時間點。正如我們在第 162 頁的「Lambda 和 CloudWatch Logs」中討論的那樣，當 Lambda 函式有日誌紀錄，其輸出將捕獲在 CloudWatch Logs 中。一個函式的所有日誌會輸出在一個 CloudWatch Log 群組中，但是函式的每個實體將寫入該日誌群組內的單獨日誌串流。因此，如果看到日誌群組中的日誌串流數量增加，則說明冷啟動發生了。

另外，您可以在程式碼中自己追蹤冷啟動。由於封裝處理常式的 Java 物件在每個實際函式執行時間實體僅實體化一次，因此任何實體成員或靜態成員初始化都將在冷啟動時發生，而在函式實體的整個生命週期中都不會再發生。因此，如果在程式碼中添加建構子或靜態初始化器（initializer），則僅當函式正在冷啟動時才會叫用它。您可以明確地在處理常式類別建構子中要求輸出日誌紀錄，以查看函式日誌中發生的冷啟動。另外，您可以參考我們稍早在本章看到的識別冷啟動的範例。

當然，您還可以使用 X-Ray 和某些第三方 Lambda 監控工具來識別冷啟動。

冷啟動的影響

到目前為止，我們已經描述了冷啟動是什麼，何時發生以及如何識別它們。但是，為什麼要關心冷啟動？

正如我們在上一節中所提到的，識別冷啟動的一種方法是，您通常會在事件處理發生時看到延遲高峰，這就是人們最關心它們的原因。在一般情況下，小型 Lambda 函式的端到端延遲可能為 50 毫秒，而冷啟動可能會為此增加至少 200 毫秒，並且根據各種因素，可能會增加幾秒甚至幾十秒。冷啟動會增加延遲的原因是由於在創建函式實體期間需要執行所有步驟。

這是否表示我們*始終*需要關心冷啟動？這很大程度上取決於 Lambda 函式的功能。

例如，假設您的函式正在非同步處理 S3 中創建的物件，並且您對於是否需要花費幾分鐘來處理這些物件感到困惑。您是否關心這種情況下的冷啟動？可能不是。尤其是當您認為 S3 仍然無法確保一秒內將事件傳達時。

這是另一個範例，您可能不太在乎冷啟動：假設您有一個處理 Kinesis 訊息的函式，每個事件大約需要 100 毫秒來處理，並且總是有足夠的事件讓 Lambda 函式忙於工作。在這種情況下，Lambda 函式的一個實體在「回收」之前可能會處理 200,000 個事件。換句話說，*冷啟動可能只會影響 0.0005% 的 Lambda 叫用*。即使冷啟動使啟動延遲增加了 10 秒，但是因為這時間被更龐大的實體存活時間分攤掉的情況下，或許這樣的影響是可以被接受的。

另一方面,假設您正在建構一個 Web 應用程式,並且有一個特定的元素叫用 Lambda 函式,但是該函式在 AWS 中每小時僅被叫用一次。這可能表示您在每次叫用該函式時都會開始冷啟動。更進一步來說,對於這個特殊函式,冷啟動若需要花費 5 秒。這有問題嗎?有可能。如果是這樣,可以減少這種延遲嗎?也許吧,我們將在下一節中討論。

儘管冷啟動幾乎總是與延遲開銷有關,但也需要注意的是,如果您的函式在啟動時從下游資源載入資料,那麼每次冷啟動都會這樣做。您可能需要考慮 Lambda 函式是否對下游資源有所影響,尤其是在部署後冷啟動所有實體的時候。

減輕冷啟動的影響

Lambda 總是會發生冷啟動,除非我們使用佈建並行(在下一節中進行介紹),否則這種冷啟動總是會影響我們函式的性能。如果冷啟動給您帶來麻煩,則可以使用多種技術來減輕其影響。不過,就像其他形式的性能優化工作一樣,您要在確實必要時才進行此工作。

減少 artifact 的大小

減少冷啟動影響的最有效做法通常是減小程式碼 artifact 的大小。我們可以透過兩種主要方式來做到這一點:

- 將 artifact 中我們自己的程式碼數量降到最低,即 Lambda 函式所需的總量(其中「總量)表示各個類別的大小和數量)。

- 刪減不需要的相依程式庫,以便僅將 Lambda 函式所需的程式庫存放在 artifact 中。

這裡有一些所需的後續技術處理。首先,為每個 Lambda 函式創建一個不同的 artifact。這就是我們在第五章創建多模組 Maven 專案時所做的工作的重點。

第二,如果您想進一步優化程式庫的相依關係,請考慮分解相依程式庫,**只留下您的程式碼所需的**。甚至可以在您自己的程式碼中重新實現程式庫的功能。這裡需要進行一些正確且安全的操作,但這是有用的。

透過這兩種方式減少了冷啟動帶來的影響。因為,在執行時間開始之前所要複製和解壓縮的 artifact 縮小了,而且還可以減少執行時間所需載入和初始化的程式碼。

這些技術在現代伺服器端軟體開發中並不太常見,因為我們已經習慣於在專案中隨意添加相依程式庫,在 Maven 或 NPM「下載套件」的同時創建數百兆的部署 artifact。在傳統的伺服器端開發中,這通常就足夠了,因為磁碟記憶體空間便宜、網絡速度很快,而且最重要的是,我們不太關心伺服器的啟動時間,至少在這裡不需要幾秒鐘的時間。

但是對於函式即服務(FaaS),尤其是 Lambda,我們在很大程度上關心啟動時間,因此我們需要更加謹慎地建構和打包軟體。

要刪減 JVM 專案中的相依程式庫,您可能要考慮使用 Apache Maven Dependency 插件(*https://oreil.ly/RZYMF*),該插件將說明、標示專案中的相依程式庫或類似的工具是否有被使用。

使用更具裝載速度效率的包裝格式

正如我們在第四章中提到的那樣,與 uberjar 方法相較,AWS 建議(*https://oreil.ly/_S6Bb*)ZIP 檔案方法更適合用於打包 Lambda 函式,因為它減少了 Lambda 解壓縮部署 artifact 所需的時間。

減少啟動邏輯

在本章的後面,我們將介紹 Lambda 函式中的狀態。儘管您可能聽說過,Lambda 函式並非無狀態(stateless)。在考慮狀態時,它們只是一個不尋常的模型。

在初次叫用 Lambda 函式時會創建或載入各種資源,像是我們在第五章的範例中看到的,範例函式會初始化序列化程式庫和 SDK。而對於某些函式而言,從其他資源載入大型本地快取的啟動邏輯,在加速處理事件上是有效益的。

這種啟動邏輯並非無痛產生,還會增加冷啟動時間。如果要在冷啟動時載入初始資源,則可能會在要提高後續叫用的性能與初始叫用花費的時間之間作出權衡。如果可能,您可能需要考慮透過一系列初始叫用來逐步地讓函式的本地快取先「暖機」。

 啟動緩慢的一個主要原因是使用了像 Spring 這樣的應用程式框架。正如我們稍後討論的那樣(請參閱第 219 頁上的「Lambda 和 Java 應用程式框架」),我們強烈建議在 Lambda 中不要使用此類框架。如果冷啟動導致函式出現問題,並且在函式中有使用應用程式框架,那麼我們建議您該採取的行動是,研究是否可以從 Lambda 函式中刪除該框架。

語言選擇

影響冷啟動時間的另一個方面是語言執行時間的選擇。與 JVM 或 .NET 執行時間相比，JavaScript、Python 和 Go 只需較少的啟動時間。因此，如果您正在編寫一個不經常叫用的小函式，並且希望盡可能減少冷啟動的影響，則可能要放棄使用 Java，改使用 JavaScript、Python 或 Go，而不影響開發的各個面向。

由於啟動時間的不同，我們經常聽到人們將 JVM 和 .NET 執行時間視為一般的 Lambda 執行時間，但這是一種短見。例如，在我們先前使用 Kinesis 處理函式，如果 JVM 函式平均花費 80 毫秒來處理一個事件，而等效於 JavaScript 的花費 120 毫秒該怎麼辦？在這種情況下，您實際上要為執行 JavaScript 版本的程式碼支付兩倍的費用（因為可計費的 Lambda 時間被四捨五入到下一個 100 毫秒）。在這種情況下，JavaScript 可能是錯誤的執行時間選擇。

在 Lambda 中使用其他（非 Java）JVM 語言（我們將在本章末尾討論）是完全有可能的。但是要記住的一個重要的面向是，這些語言通常都帶有自己的「語言執行時間」和程式庫，而這兩種情況都會增加冷啟動時間。

最後，關於語言選擇的話題，當涉及語言對冷啟動或事件處理性能的影響時，有些觀點值得被記住。語言選擇中最重要的因素是您如何有效地建構和維護程式碼（軟體開發的人為因素），與之相比，Lambda 語言執行時間之間的性能和花費上的差異就顯得不重要了。

記憶體和 CPU

函式配置的某些面向也會影響冷啟動時間。主要範例中有個 MemorySize 設置，較大的記憶體設置還會提供更多的 CPU 資源，因此較大的記憶體設置可能會加快 JVM 程式碼進行 JIT 編譯的時間。

 直到 2019 年末，使用虛擬私有雲（Virtual Private Cloud，VPC）可能會顯著增加 Lambda 函式的冷啟動時間。我們將在本章的後面部分討論 VPC，但是現在您所需要知道的是，如果在任何地方看到任何文件，警告說由於 VPC，Lamdba 啟動時間很糟糕，那麼您可以滿意地知道這已經被解決了。有關 AWS 所做改進的更多詳細資訊，請參閱本文（*https://oreil. ly/UnES6*）。

佈建並行（Provisioned Concurrency，PC）

在 2019 年末，AWS 宣布了一項新的 Lambda 功能——**佈建並行**。佈建並行使工程師能夠有效地「預熱」Lambda 函式，進而消除（幾乎）冷啟動的所有影響。在描述如何使用此功能之前，請注意以下重要事項：

- PC 打破了 Lambda 基於請求的成本模型。使用 PC，會不論函式是否被叫用而被收取費用。因此，將 Lambda 與 PC 結合使用會消除無伺服器的主要優勢之一：成本可降至零（請見第 11 頁的「透過 Lambda 建立 FaaS」）。

- 為了避免支付高峰時使用的相關費用，您需要使用 PC 手動配置 AWS Auto Scaling（請參閱有關如何實作的 AWS 部落格文章（*https://oreil.ly/9x0D6*）。這是您額外的操作開銷。

- PC 增加了大量的前置部署時間。在撰寫本書時所做的實驗中，部署 PC 設置為 1 的 Lambda 函式的前置時間約為 4 分鐘（請見下文，看看這表示什麼）。使用 10 或 100 的設置大約需要 7 分鐘。

- PC 需要使用我們在本章前面介紹過的版本或別名（請見第 202 頁的「版本、別名和流量轉移」）。正如我們在本節中提到的那樣，由於它們帶來了額外的複雜性，因此在大多數情況下，我們不建議使用版本或別名。

 考慮到這些重大警告，我們的建議是僅在絕對需要時才做佈建並行。正如我們在本節的總結中提到的，我們發現大多數最初關注冷啟動的團隊發現一旦他們開始在正式環境中大規模地使用 Lambda 時，尤其是如果團隊有遵循我們提供的其他關於緩解冷啟動的建議，佈建並行並不會帶來有效的成果。

現在，我們幾乎可以肯定不應該使用佈建並行，那讓我們來談談 PC 是什麼吧！

簡單來說，PC 是一個數值（*n*），它告訴 Lambda 平台要始終維持至少 *n* 個函式執行環境置於「暖機」狀態。這裡的「暖機」表示已經創建了執行環境，並且您的 Lambda 函式處理常式程式碼已實體化。實際上，除了實際叫用處理常式方法外，整個執行鏈（請見圖 3-1）是在暖機期間執行的。

由於 PC 的行為，Lambda 不會叫用非暖機函式（除了有關擴展的警告，我們將在稍後描述），因此可以確保您根本不會有任何影響性能的冷啟動！換句話說，您所有的函式叫用都將在一般的「暖機」時間內做出回應。

PC 的另一個不錯的特點是，它僅在部署配置中定義──使用它不需要更改程式碼（儘管您可能想更改程式碼，因為我們稍後將介紹程式碼實體化）。

讓我們看一個範例。假設我們在 SAM 範本中配置了以下函式：

```
HelloWorldLambda:
Type: AWS::Serverless::Function
Properties:
  Runtime: java8
  MemorySize: 512
  Handler: book.HelloWorld::handler
  CodeUri: target/lambda.zip
  AutoPublishAlias: live
  ProvisionedConcurrencyConfig:
    ProvisionedConcurrentExecutions: 1
```

和之前的範本相比，多了最後三行。首先，您會看到我們正在使用別名──佈建並行的使用要求之一是，每個版本或別名都需要配置 ProvisionedConcurrentExecutions 的值。我們無法為 $LATEST（預設版本）配置 ProvisionedConcurrentExecutions 值。

在此範例中，我們指定要讓一個 Lambda 函式實體一直處於暖機狀態。

當我們首次部署此函式時，Lambda 會在發生任何叫用之前實體化 Java 類別 HelloWorld，該類別包含我們的處理常式。然後，當接收到該函式的事件時，Lambda 叫用此預熱函式。當我們**重新部署**該函式時，Lambda 只會將請求路由到舊（暖機）版本，並僅在為該版本創建了所有預配置實體後才開始使用新版本。同樣地，這可以確保函式叫用不受冷啟動的影響。

 在其他第三方 Lambda 文件中，您可能會看到建議使用輔助的、排程的「ping」函式來叫用應用程式函式，以避免冷啟動。設置為 1 的 PC 幾乎可以更有效地替代這種機制。

現在，我們要說明一些您應該注意的細節。

首先是價格。如前所述，在撰寫本書時，PC 具有與一般的「視需求」Lambda 不同的成本模型。如在第 61 頁的「Lambd 有多貴？」中，「視需求」的 Lambda 成本取決於 Lambda 函式接收到多少請求以及 Lambda 函式執行時間有多長（持續時間）。對於 PC，您仍然需要支付請求成本，並且需要支付（較小的）持續時間，但是您還需要為函式部署的整個過程支付費用，而不僅僅是在處理請求時。

我們以第 61 頁「Lambda 有多貴？」的範例為基礎。對於視需求的 Lambda 的成本估算為每月 21.6 美元。那麼使用佈建並行需要多少費用？

我們假設環境設置如下：

- 512 MB RAM

- 少於 100 毫秒即可處理一個請求

- 每天有 864,000 個請求

首先將佈建並行值設定成 10，因為這是我們希望達到的最高值。在這種情況下，我們的 Lambda 成本如下：

- 請求的花費不變，依舊是 $5.18 / 月。

- 持續時間花費是 $0.42 / 天（$0.1 \times 864000 \times 0.5 \times \$0.000009722$），或 $12.60 / 月。

- 而佈建並行會花費 $1.80 / 天（$10 \times 0.5 \times 86400 \times \$0.000004167$），或 $54 / 月。

因此，總成本從大約 $22 / 月增加到 $72 / 月，增加了三倍以上。哎呀！

這是現在為了最壞的情況，設定的佈建並行最高值（10）。我們可以稍微改善的做法是，手動配置佈建並行的自動縮放，這在介紹佈建並行的 AWS 部落格中可以看到討論內容（*https://oreil.ly/8p8K6*）。假設佈建並行配置平均約為 2，我們也做了這樣的調整，但總成本還是有 $29 / 月，仍然比視需求的 Lambda 貴上 30％，而且現在還增加了佈建並行自動擴展的額外複雜性。

在某些情況下，如果您擁有非常一致的使用量模型，則 PC 的成本要比視需求的低，但是在大多數情況下，您會為使用 PC 而付出很大的花費。

與成本有關的另一個問題是，您可能希望對開發版本和正式版本使用不同的配置，以避免為開發版本的環境支付「持續在線上」的費用。您可以使用 CloudFormation 的技術來操作，但這又要耗費額外的精神成本。

對於花費已經著墨夠多了，讓我們換到下一個主題。

如果在某個時間點叫用次數多於 PC 配置，會發生什麼情況？如本章前面的內容所述，我們知道 Lambda 總是會增加可用的執行環境的數量來滿足負載。例如，假設 Lambda 函式需要使用第 11 個執行環境，但 PC 設置為 10，那麼現在會發生什麼事情呢？在這種情況下，Lambda 將使用「傳統」視需求模型啟動一個新的執行環境，以滿足額外的負載。您將以一般的視需求方式向您收取此額外容量的費用，但會被警告——此額外的新環境也將以正常方式啟動，也就是會引起冷啟動延遲！

最後，簡要介紹一下如何充分利用 PC。在過去的幾年中，AWS 在減少平台的冷啟動上做得不錯，因此 PC 的主要目的是在減輕應用程式被冷啟動所影響——減少實體化語言執行時間、程式碼和處理常式類別所花費的時間。最後一個元素——類別實體化——很重要，因為在預熱期間將叫用處理常式類別建構子。因此，您需要盡量將應用程式設置轉移到類別和物件實體化時間上，而不要在處理常式方法本身中執行此操作。我們在整本書中都使用了這種模式，但是如果您使用的是 PC，就尤其重要。

既然對於 PC 的警告這麼的多，何時建議使用 PC？以下是我們所想到有用的使用情境：

- 當您有一個不常使用的 Lambda 函式（假設每一小時被叫用一次，或更久），而且您希望回應的速度很快（一秒內），加上開銷是您願意負擔的。

- 如果您的應用程式具有 Lambda 預設無法處理的極端「爆量」擴展方案（請見第 200 頁的「突發限制」），則可以預熱足夠的容量。

- 如果您的函式本身具有大量的程式碼，造成很長的冷啟動時間（例如幾秒鐘），而且函式本身不足以提高應用程式性能，那麼您沒有其他方法可以改善這種情況。如果您在 Lambda 中使用重量級的應用程式框架，這就是典型的狀況。

冷啟動總結

可能您不需要花費太多的精力在冷啟動上，但這取決於您使用 Lambda 做什麼，但它肯定是一個您應該注意的主題，因為冷啟動是如何被緩解的，會和我們一般如何建構和包裝系統的方式有點出入。

我們在前面的冷啟動話題中提到了 *FUD*，並且為了解決延遲問題，冷啟動經常也被「出賣」。其實延遲問題實際上與冷啟動完全無關，您的問題可能其實是程式碼和下游系統互動造成的。所以請記住，如果您有延遲方面的疑慮，請適當地分析、掌握造成問題的真正原因。

還要持續追蹤測試延遲，尤其是在由於冷啟動而排除一定程度使用 Lambda 的情況下。AWS 已經並且將繼續在 Lambda 平台的這一部分進行重大改進。

根據我們的經驗，冷啟動會在團隊首次使用 Lambda 時造成疑慮，特別是在開發時考慮尖峰負載下，但是一旦他們看到 Lambda 在正式環境的負載下的性能表現，他們通常就再也不用擔心冷啟動了。

狀態（State）

幾乎所有應用程式都需要考慮狀態。這種狀態可能是**持續的**，換句話說，它捕捉了滿足後續請求所需的資料。或者，它可以處於**快取**狀態——用於提高性能的資料副本，其中持久化版本的資料將儲存在其他地方。

儘管有點陌生，但 Lambda 並非不是無狀態的，因為在請求期間和請求之間，資料都可以儲存在快取和硬碟中。

快取狀態可透過處理常式方法的物件和類別成員存取，當下次叫用該函式實體時，就可以使用已經載入到此類別成員中的資料，並且 Lambda 函式最多可具有 3GB RAM（其中一些將由 Lambda 執行時間使用）。

Lambda 函式實體還可以存取路徑為 */tmp* 的 512MB 本地磁碟，因此您可以將狀態資料放置於此。儘管此狀態不會在函式實體之間自動共享，但可再次用於同一函式實體的後續叫用。

但是，Lambda 的執行時間模型的性質極大地影響了使用狀態的方式。

持續性應用程式狀態

Lambda 創建函式實體的方式，特別是其擴展方式，對系統架構具有重要意義。例如，我們無法確保對同一上游客戶端的順序請求將由同一函式實體處理，因為 Lambda 函式沒有「客戶端同質性」（client affinity）的概念。

這表示 Lambda 函式的本地狀態（快取或磁碟上）在此請求可用，**不代表**任何後續請求皆可用。無論我們的函式是否可擴展，皆是如此——擴展只是強調了這一點。

因此，為了 Lambda 函式後續的叫用，我們要保留的所有持久性的應用程式狀態皆必須外部化（externalization）。換句話說，我們要保留的任何狀態都必須儲存在 Lambda 函式的下游（在資料庫、外部檔案儲存或其他下游服務中），或者在同步叫用函式的情況下，必須將其返回給叫用方。

這聽起來像是一個巨大的限制，但實際上，這種建構伺服器端軟體的方式並不新鮮。多年來，許多人一直擁護 12 因子架構（12-factor architecture）（*https://12factor.net/*）的優點，而將狀態外部化的這一面向，就是其第六個因子。

話雖如此，這絕對是 Lambda 的限制，並且可能需要您對要移至 Lambda 的現有應用程式進行重構。這也可能表示某些需要特別低狀態延遲的應用程式（例如遊戲伺服器）不適合使用 Lambda 實作，也不適合那些需要在快取中設置大資料集才能充分執行的應用程式。

人們使用各種通用服務來透過 Lambda 外部化其應用程式狀態：

DynamoDB

DynamoDB 是 AWS 的 NoSQL 資料庫。我們在第 93 頁「範例：建立無伺服器 API」的範例中使用了 DynamoDB。DynamoDB 的優點是它快速、相當容易操作和配置，並且具有與 Lambda 非常相似的擴展特性。DynamoDB 的主要缺點是資料建模（data modeling）可能會變得棘手。

RDS

AWS 有各種關聯式資料庫，可以歸納進關聯式資料庫服務（Relational Database Service、RDS）系列，並且所有這些資料庫都可以從 Lambda 叫用。該系列中的一個相當新的選擇是 *Aurora Serverless*（*https://oreil.ly/2Kc4E*），它是 Amazon 自己的 Aurora MySQL 和 Postgres 引擎的自動擴展版本，是為無伺服器應用程式而設計的。與 NoSQL 相比，使用 SQL 資料庫的好處是此類應用程式的建構經驗已有數十年。與 DynamoDB 比起來，缺點是更高的延遲和更多的操作開銷（使用非無伺服器 RDS）。

S3

我們在本書中已多次使用過簡易儲存服務（Simple Storage Service，S3），當然也可以將其用作 Lambda 的儲存資料位置。它簡單易用，但延遲也不是特別低，並且與其中任一種資料庫服務相比，查詢功能有限，除非您還使用了 Amazon Athena（*https://aws.amazon.com/athena*）。

ElastiCache

AWS 提供了 Redis 持久快取應用程式的受管版本（*https://aws.amazon.com/ elasticache*），正是 ElastiCache 系列的一部分功能。在這四個選項中，ElastiCache 通常提供最快的性能，但是由於它不是真正的無伺服器服務，因此確實需要一些操作開銷。

自訂下游服務

或者，您可以選擇使用傳統設計建構的方式，於下游服務內實作記憶體內持續性（in-memory persistence）的功能。

AWS 會繼續在這一領域取得有趣的進展，我們建議您在選擇持久性解決方案時都調查最近宣布的所有進展。

快取（Caching）

儘管我們不能依靠 Lambda 來實現持續性應用程式狀態，但我們絕對可以使用它們來快取儲存在其他位置的資料。換句話說，雖然我們不能確保一個 Lambda 函式實體將叫用多少次，但我們確實知道它**可能會**被叫用，而這取決於叫用頻率。因此，Lambda 的本地儲存很適合用於快取狀態。

我們可以將 Lambda 的快取或硬碟、或兩者皆用於快取資料。例如，假設我們始終需要來自下游服務的一組「相當新」的參考資料來處理事件，但是若此處我們定義「相當新」是「在最後一天有效」。在這種情況下，對於第一次叫用函式實體，我們可以載入一次參考資料，然後將該資料存在靜態或實體成員變數中。請記住，我們的處理常式函式實體物件在每個執行時間環境中只會實體化一次。

再舉一個例子，假設我們要在執行過程中叫用外部程式或程式庫，Lambda 為我們提供了一個完整的 Linux 環境來進行操作。該程式／程式庫可能太大，無法放入 Lambda 程式碼 artifact（未壓縮時限制為最大 250MB）或甚至 Lambda 層（請參閱本章後面的有關圖層的內容）。相反地，我們可以在第一次需要函式實體時，將外部程式碼從 S3 複製到 */tmp*，之後的請求皆可以使用這個本地快取了。

這兩個範例都和資料組（應用程式資料或程式庫和執行檔）組成的狀態有關，另外 Lambda 應用程式中的另一種狀態形式是程式碼本身的執行時間結構，包括那些與外部服務連接的結構。這些執行時間結構在函式被叫用時可能花費一些時間來創建，或者在與服務的連接時可能要花費一些時間來初始化，例如認證過程。無論哪種情況，在 Lambda 中，我們通常會將這些結構儲存在比叫用方法本身壽命更長的程式元素中。以 Java 來說，這表示我們會將它們存在實體或靜態成員中。

我們在本書的前面已經展示了這樣的例子。例如，在第五章中的範例 5-3，我們將以下內容存在實體成員中：

- ObjectMapper 實體，因為那是一個需要一些時間才能實體化的程式結構

- DynamoDB 客戶端，它是連接外部 DynamoDB 服務的物件

儘管在某些情況下出於性能原因我們通常使用這種形式的物件快取，但它也可以顯著提高整個系統的成本效益——有關此內容的更多資訊，請見第 238 頁的「Lambda 執行時間模型和費用對下游系統的影響」。

有時 Lambda 自身的狀態儲存能力不足——例如，我們的總快取狀態大小可能太大而無法容納在記憶體中，也可能太慢而無法在冷啟動期間載入，或者經常更新（儘管可以做到，但在 Lambda 函式中更新本地快取會非常棘手）。在這種情況下，您可以選擇使用上一節中提到的持續性服務之一作為快取解決方案。

Lambda 和 Java 應用程式框架

 到目前為止，本書的大部分指導都是針對如何使用 AWS Lambda，同時還會有一些警告。現在，我們將確切地討論一些我們不建議做的事情。

在過去的二十年中，使用某種容器和／或框架來建構伺服器端 Java 應用程式非常普遍。早在 2000 年代初期，「Java 平台企業版」（Java Enterprise Edition，J2EE）便風靡一時，WebLogic、WebSphere 和 JBoss 等應用伺服器使您可以使用企業級 JavaBean（Enterprise JavaBeans，EJB）或 Servlet 框架來建構應用程式。對於上述這些有不熟悉的部分，我們可以根據個人經驗向您保證，這些事物並不有趣。

人們意識到這些大型伺服器通常笨拙和／或昂貴，因此它們已經被更多「輕量級」的同類產品所替代，其中 Spring 最常見。當然，Spring 本身已經發展成為 Spring Boot，同時人們也使用各種 Java Web 框架來建立應用程式。

因為我們行業已經有大量指導原則，是關於如何使用這些工具來建立「Java 應用程式」，所以人們極有可能繼續使用它們，並直接將這些應用程式從伺服器移植到 Lambda。AWS 甚至為無伺服器 Java 容器（*https://oreil.ly/T_ruW*）專案付出了巨大的努力，來支持這種思維方式。

儘管我們讚賞 AWS 以這種方式「滿足人的需要」，但出於以下原因，我們**強烈不鼓勵**在使用 Lambda 建立應用程式時使用大多數 Java 框架。

首先，在各別 Lambda 函式中建立完整的應用程式會讓 Lambda 的基本特性消失。Lambda 函式是小型的、獨立的、短暫的函式，這些函式是事件驅動的，並經過編寫安排以接受特定的輸入事件。另一方面，「Java 應用程式」實際上是具有生命週期和狀態的伺服器，通常被設計來處理多種類型的請求。如果您要建立小型伺服器的話，那您不該使用無伺服器的邏輯思考。

接下來，大多數應用程式伺服器會假設請求和請求之間存在一定數量的共享狀態。但小型伺服器的操作思維在 Lambda 中很難運作，這是可以做到的，但卻不是很自然的作法。

我們認為這是一個壞主意的另一個原因是，它降低了其他 AWS 無伺服器服務所提供的價值。例如，對於前面提到的 AWS 專案，將使用 API Gateway，但使用的是「完全代理」（full proxy）模式。以下摘錄自 Spring Boot 範例（*https://oreil.ly/KZYj3*）中 SAM 範本。

```
Resources:
  PetStoreFunction:
    Type: AWS::Serverless::Function
    Properties:
      Events:
        GetResource:
          Type: Api
          Properties:
            Path: /{proxy+}
            Method: any
```

以這種方式使用 API Gateway，表示所有請求（無論路徑如何）都將發送到一個 Lambda 函式，並且路由行為需要在 Lambda 函式中實現。儘管 Spring Boot 可以做到這一點，但（a）API Gateway 可以免費為您提供該功能，並且（b）會使您在 Lambda 函式內的 Java 程式碼混亂。

在本書的前面，我們提到整體上要注意是否使用過多的 API Gateway 功能。例如，請見第 97 頁「API Gateway 代理事件」中對請求和回應映射的討論。但是，我們認為刪除路由有點過度抽象化 API Gateway 的使用。

正如我們之前在冷啟動部分中所討論的那樣，應用程式框架通常會減慢函式的初始化速度。儘管有些人可能會認為使用佈建並行是一個很好的方法，但我們會反駁說這是一個暫時的解決方法，而不是最終解決方案。

最後，基於容器和基於框架的應用程式傾向於具有較大的可部署 artifact，部分原因是相依的程式庫數量較多，另一部分原因是此類應用程式通常能實現許多功能。在本書中，我們一直在嘗試透過最大程度地減少相依關係，以及將應用程式劃分為多個可分配元素來減小 artifact 的大小，所有這些都是為了保持 Lambda 函式的簡潔和精簡。使用應用程式框架與這種思維方式背道而馳。

因此，我們不建議您使用這些框架，那我們該如何建議您來使用這些舊有的知識和技能呢？

通常，我們會發現切換到「純」Lambda 開發的開發者不用花太長時間就可以擺脫習慣的框架，因為編寫處理常式函式會帶來一定的「清晰度」。另外，只要不將 Java 程式碼深陷於應用程式框架中，讓老式 Java 程式碼尬上一角也不會有錯。如果您可以將業務邏輯萃取，並用於商業需求的事物中，那麼您將走上正確的道路。

另外，使用框架的相依注入（dependency injection，DI）功能是方便好用的。正如您在某些範例中所看到的那樣，您可以選擇「親手製作」這樣的 DI（我們的首選）（請見第 142 頁的「加入建構子」）。也可以嘗試使用框架來提供相依注入，但不必使用其附帶的其他功能。

虛擬私有雲（Virtual Private Clouds）

到目前為止，在我們所有的範例中，Lambda 函式叫用的所有外部資源都已透過 HTTPS ／「第 7 層」身分驗證進行了保護，例如，當我們在範例 5-3 中的無伺服器 API 範例中叫用 DynamoDB 時，該網路連接透過我們的 Lambda 函式傳遞給 DynamoDB 的憑證得到了保護。

換句話說，DynamoDB 不是「被防火牆保護」服務，它對網路開放，網路上任何地方的任何機器都可以連接到它。

儘管這個「無防火牆」計算的新世界正在加速發展，但在許多情況下，Lambda 函式需要連接到允許特定 IP 位址存取所保護的資源。使用 AWS 的常見方法是使用 VPC。

VPC 是我們迄今為止在書中沒有討論的底層基礎設施。他們需要對於 IP 地址、彈性網路介面（Elastic network interfaces，ENI）、無類別域間路由（Classless Inter-Domain Routing，CIDR）區塊和安全群組（security groups）之類的內容多了解，並且會因為服務存在多個可用區域而讓複雜度提高。換句話說，這裡非常的困難！

可以將 Lambda 函式配置為能夠存取 VPC。Lambda 函式需要此功能的三個典型原因是：

- 能夠存取 RDS SQL 資料庫（請見圖 8-2）
- 能夠存取 ElastiCache
- 能夠基於 IP／VPC 的安全性以叫用在容器群集上運行的內部微服務

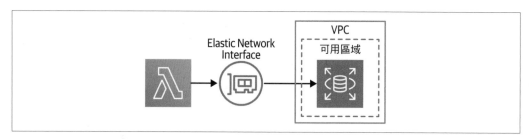

圖 8-2　Lambda 連接上 VPC 以連接 RDS 資料庫

您應該將 Lambda 配置為僅在實際需要時才使用 VPC。使用 VPC 並非「免費」，它會影響其他系統，會改變 Lambda 與其他服務互動的方式，並會增加配置和系統結構的複雜性。

此外，我們建議您將 Lambda 配置為僅在以下兩種情況下才使用 VPC：（a）了解 VPC 及其意義，或者（b）與組織中另一個了解此要求的團隊討論過。

在本節的其餘的部分，我們假設您大致了解 VPC，但不一定了解 Lambda 和 VPC 的任何細節。因此，有些 VPC 術語，例如 ENI 和安全群組，我們將提及但不做解釋。

使用 Lambda 搭配 VPC 的架構疑慮

在允許 Lambda 使用 VPC 之前，有幾件事需要注意，這可能會改變您的想法！

首先，您在配置 VPC 時，每個子網路（subnet）都必須指定到一個可用區域。Lambda 的優點之一是，到目前為止，我們完全忽略了可用區域。因此，如果您使用的是 Lambda + VPC，則需要確保配置足夠的子網路橫跨足夠的可用區域，以使您能夠繼續保持所需的高可用性（High availability，HA）。

其次，將 Lambda 函式配置成使用 VPC 時，來自該 Lambda 的所有網絡流量都將透過 VPC 路由。這表示如果您的 Lambda 函式使用非 VPC 的 AWS 資源（例如 S3）或正在使用 AWS 外部資源，那麼您將需要設置這些資源的網路路由，而在 VPC 中使用任何其他服務也一樣。例如，對於 S3，您可能需要設置 VPC 端點，對於外部服務，則需要確保正確配置了 NAT 閘道（NAT gateways）。

配置 Lambda 使用 VPC

您已閱讀所有警告，並確定了要使用的子網路和安全群組。您現在該如何配置 Lambda 以使用 VPC？

幸運的是，SAM 挺身相救，而且相當簡單。透過檢查 AWS 提供的範例（*https://oreil. ly/388NC*）（有約略的刪減），我們可以看到您需要對每個 Lambda 函式添加以下內容：

```
AWSTemplateFormatVersion : '2010-09-09'
Transform: AWS::Serverless-2016-10-31

Parameters:
  SecurityGroupIds:
    Type: List<AWS::EC2::SecurityGroup::Id>
    Description: Security Group IDs that Lambda will use
  VpcSubnetIds:
    Type: List<AWS::EC2::Subnet::Id>
    Description: VPC Subnet IDs that Lambda will use (min 2 for HA)

Resources:
```

```
HelloWorldFunction:
  Type: AWS::Serverless::Function
  Properties:
    Policies:
      — VPCAccessPolicy: {}
    VpcConfig:
      SecurityGroupIds: !Ref SecurityGroupIds
      SubnetIds: !Ref VpcSubnetIds
```

總之，您需要：

- Lambda 函式需要添加權限以將其附加到 VPC（例如，使用 `VPCAccessPolicy`）

- 添加 VPC 配置以及安全群組 ID 和子網路 ID 清單

就是這樣！這個範例假設您將在部署時使用 CloudFormation 參數（*https://oreil.ly/0xs3v*）傳入實際的安全群組和子網路 ID，但是您也可以在範本中將其寫死。

替代方案

假設我們所有可怕的警告讓您不敢使用 Lambda 結合 VPC。您應該怎麼做呢？以下是一些替代方法。

第一，使用和 VPC 大致相等的服務。例如，如果要使用 VPC 存取 RDS 資料庫，請考慮改用 DynamoDB（儘管我們知道 DynamoDB 不是關聯式資料庫！）。或者考慮使用 Aurora Serverless 及其資料 API（*https://oreil.ly/uf2KE*）。

第二，要重構您的解決方案。例如，不直接叫用下游資源，而是否用訊息匯流排作為中介是可行的？

第三，如果要連接的是內部服務，則考慮為此內部服務提供「第 7 層」身分識別界限（authentication boundary）。一種方法是將 API Gateway 添加到內部服務中（或如果已經有的話，更新現有的 API Gateway），然後使用 API Gateway 的 IAM／簽章版本 4（Signature Version 4，Sigv4）身分驗證方案（*https://oreil.ly/RJVSO*）。

最後，如果您無法修改服務，則可以執行與上一個想法類似的操作，但是在這裡，請使用 API Gateway 作為下游服務的代理伺服器（*https://oreil.ly/OKiid*）。

當然，還有另一種選項——等待並觀察 AWS 接下來介紹的內容！例如，我們提到的 Aurora Serverless 的資料 API 是相當新的，並且可能會有更多功能來幫助 Lambda 開發人員避免 VPC 的困難！

圖層和執行時間

如果您查看 AWS 管理主控台中任一個 Lambda 函式，那麼您現在應該能了解幾乎所有相關的功能，像是角色、環境變數、快取、VPC、DLQ、預留並行等。但是，觀察敏銳如您，應該會看到頁面頂部到目前為止存在一個沒有被解釋的部分：圖層（layer）。在本章結束時，我們將解釋什麼是圖層，為什麼您（作為 Java 開發者）可能不太在乎它們，以及它們和稱為自訂執行時間（custom runtimes）的功能之間的關係。

圖層是什麼？

眾所周知，通常，當您部署 Lambda 函式的新版本時，會將程式碼及其所有相依程式庫打包到 ZIP 檔案中，然後將該檔案上傳到 Lambda 服務。但是，隨著您的相依關係變多，此 artifact 也變大，並且部署速度變慢，若能夠加快速度不是很好嗎？

這就是 Lambda 層的用處。圖層是 Lambda 函式已部署資源的一部分，該資源與函式本身分開部署。如果您的圖層保持不變，那麼當您部署 Lambda 函式時，您只需要將不在該圖層內的更改部分部署到您的程式碼中。

以下是一個例子。假設您根據第一章（第 15 頁的「檔案處理」）實作了圖片處理的函式，並且 Lambda 函式中執行圖像處理的部分使用了像是 ImageMagick 的第三方工具（*https://imagemagick.org/index.php*）。

現在，ImageMagick 可能是很少更改的相依程式庫。您可以使用 Lambda 層定義一個包含 ImageMagick 工具的圖層（只是一個包含所需內容的 ZIP 檔案），然後在處理照片的 Lambda 中使用您的程式碼引用該圖層。現在，當您更新 Lambda 函式時，只需上傳自己的程式碼，而不是程式碼和 ImageMagick。

 ImageMagick 通常透過應用程式叫用外部程序來使用，而不是透過程式庫 API 叫用來使用。在 Lambda 函式中叫用這樣的外部程序是完全可行的，因為 Lambda 執行時間是一個完整的 Linux 環境。

圖層的另一個有用的重點是您可以跨 Lambda 函式和其他 AWS 帳戶共享圖層——圖層實際上可以公開共享。

何時該使用、或不該使用圖層？

圖層被發佈時，部分 Lambda 使用者對此感到非常興奮，因為他們將圖層視為 Lambda 函式的通用相依系統。對於使用 Python 語言的人而言尤其如此，因為 Python 的管理工具對於某些人（例如，您的作者！）來說很棘手。但是，Java 生態系統儘管有其缺點，卻有很強的能力來執行相依關係管理。

我們認為圖層在某些特定時間點很有用。但是，要我們放心、全然地接受它們也會有很多問題，例如：

- 由於在您上傳 Lambda 函式後將圖層與該函式結合在一起，因此在測試時（部署之前）使用的相依程式庫版本與已部署的版本未必相同。這令我們頭痛，這是不必要的麻煩，需要額外進行管理。

- Lambda 函式可以使用的層數有所限制（五個），因此，如果您具有五個以上的相依程式庫，則無論如何都將需要使用本地部署工具，那麼為什麼要增加額外的圖層複雜性？

- 圖層並沒有提供任何功能上的好處，它們是部署最佳化工具（我們先警告，後續再說明這有跨領域問題）。

- 特別是對於用 Java 開發 Lambda 來說，Java 在定義自己的世界做得非常好。例如，Java 程式通常只依賴於本身在 JVM 中運行的的第三方 Java 程式碼，而不是叫用系統程式庫或執行檔。考慮到這一點以及 Maven 管理相依關係的簡便性和普遍性，很容易擁有一個整合過的相依關係管理系統和一個 Java 應用程式，不用包括使用 Lambda 圖層。

- 有些人喜歡這樣來操作，即可以為某個函式手動更新圖層，而不必部署該函式本身的新版本。話雖如此，不過我們堅信除了部分煩人的情況外，將任何變更部署到正式環境中的最佳方法是透過自動化的持續交付過程，因此，將應用程式庫相依性變成範本層相依性之間的作法，並不會帶來任何過程上的改善。

但是如果我們也沒有指出圖層可能有用的地方，那就是我們的失職。

第一點，如果 Lambda 函式執行的部分內容與應用程式無關，而與組織的跨領域技術平台更相關，則使用圖層作為替代部署路徑可能會有用。例如，假設有一個安全流程需要運行，但是就應用程式開發人員而言，這只需要「射後不理（fire-and-forget）」的呼叫。在這種情況下，在圖層中發佈該程式碼，並能夠確保整個組織中所有 Lambda 函式配置使用了正確的圖層版本，這將有助於組織治理。

分層有用的另一個地方是，當相依程式庫是一個很少更改的大型、系統二進制檔案時，部署會耗費很多時間。在這種情況下，使用圖層所帶來的額外複雜性可能值得，因為會提高部署速度，特別是如果使用該圖層的函式部署次數每天約數百次或更多。

第二種情況的一個有用例子是 Lambda 函式正在使用自訂執行時間，我們將在下面進行探討。

自訂執行時間（Custom Runtimes）

在本書中，除了第一個使用 Node 10 執行時間的範例外，我們一直在使用 Java Lambda 執行時間。AWS 提供了許多與不同程式語言的執行時間（*https://oreil.ly/uLMNz*），並且此列表經常更新。

但是，如果您想使用 AWS 不支援的語言或執行時間會怎樣？例如，如果您要在 Lambda 函式中運行某些 Cobol 程式碼，該怎麼辦？或者，如果您想運行高度自定義的 JVM，而不是 AWS 提供的 JVM，該怎麼辦？

答案是使用**自訂執行時間**。自訂執行時間是在 Lambda 執行環境中運行的 Linux 程序，可以處理 Lambda 事件。自訂執行時間需要滿足一個特定的執行模型（*https://oreil.ly/onv6J*），但是基本思想是，當執行時間實體由 Lambda 平台啟動時，會使用特定實體的 URL 進行配置，而此 URL 可以查詢下一個要處理的事件。換句話說，自訂執行時間使用輪詢系統結構。

作為 Java 開發者，通常很少會想要或需要使用自訂的執行時間作為正式環境用途。但是有兩個原因會造成這樣的情況，原因如下：

- 自訂執行時間程式碼本身必須是函式已部署資產的一部分。儘管您可以將執行時間打包在 Lambda 層中，以避免在每個部署皆需要上傳它，但仍將消耗部分限制配額，共 250MB 總打包部署套件大小（*https://oreil.ly/02nUm*）。大部分的 JVM 將佔用大部分配額，因此如果您想交付自訂的 JVM，這將減少您程式碼的可用空間。

- 您將需要在自訂執行時間中重新實現許多 AWS 在其標準執行時間中已經實現的功能，例如事件和回應的反序列化 / 序列化、錯誤處理等等。

話雖如此，對於一定規模的組織而言，建立自訂的執行時間來處理各種與組織平台相關的任務可能會使 Lambda 的實際開發更加有效，但是我們建議您進行全面分析。

其他 JVM 語言和 Lambda

本書側重於在 Java 執行時間上運行的 Java 語言。但是由於 Lambda 僅指定 Java 執行時間，而且還有許多其他語言可以在 JVM 上運行，像是 Scala、Clojure、Kotlin 等，因此使用上述的（或類似的）語言是完全合理的。實際上，我們知道人們將 Scala 和 Lambda 用於重要的負載系統（成千上萬的並行執行）。

從 Java Lambda 執行時間的角度來看，它所關心的就是使用有效的處理常式方法對其進行配置，因此大多數人將 Lambda 與 JVM 語言替代品一起使用的方式是，使用 Java 執行時間，然後使用「interop」掛鉤他們的處理常式。如果想看使用 Kotlin 和 Groovy 實作的範例，請見 AWS 的部落格（*https://oreil.ly/4qUvM*）。根據您指定的語言，Java 執行時間提供的 POJO 序列化可能會或可能不會很好地執行，但是您可以使用 `InputStream` / `OutputStream` 處理常式簽名來獲取 JSON 事件的原始位元組。

使用 JVM 語言替代品（尤其是像 Scala 這樣的語言）的一個缺點是，它增加了冷啟動時間，因為 JVM 必須透過 JIT 來編譯語言類別以及應用程式類別。但是，我們在本章前面討論的關於冷啟動的一般規則仍然適用，特別是在您的函式是高吞吐量的情況下。

使用 AWS Java 執行時間的一種替代方法是使用自訂執行時間來支援您的 JVM 語言，但是通常不需要這樣做，因為標準 Java 執行時間就足夠支援您的替代 JVM 語言了。

總結

在本章中，我們深入研究了 Lambda 的一些進階層面，這些知識將有助於配置和部署無伺服器應用程式，以及應用程式執行時的行為。

您應該學到了：

- Lambda 的各種不同錯誤處理策略，以及如何選擇配置和程式編排您的函式以處理錯誤

- Lambda 無須花費多餘力氣即可進行擴展，如何控制擴展以及這種行為在多執行緒程式設計中代表什麼

- 什麼是 Lambda 版本和別名，以及如何使用它們透過「流量轉移」來發佈新功能

- 什麼是冷啟動，它們何時會發生，是否應該顧慮它們，以及在它們對應用程式造成影響時如何緩解

- 如何在 Lambda 中使用持續性狀態和快取狀態

- 如何結合使用 Lambda 和 AWS VPC

- 什麼是 Lambda 層和自訂執行時間，以及何時該使用它們

在下一章中，我們將繼續討論 Lambda 更進階的面向，但是這次討論的內容是 Lambda 如何與其他服務整合。

練習題

1. 更新第 93 頁「範例：建立無伺服器 API」中的 WeatherQueryLambda 以引發異常。接著叫用 API 看看，想想看您會看到什麼行為？

2. 如果您從第五章開始練習使用 SQS 佇列，則更新讀取 SQS 的 Lambda 函式以引發異常。請問 Lambda 的重試行為是否符合您的期望？

3. 研究後台執行緒和 Lambda 發生了什麼，可以從第二章的「Hello World」範例開始（請見第 34 頁的「Lambda Hello World（正確版）」），並在處理常式中使用 ScheduledExecutorService（https://oreil.ly/6cz67）及其 scheduleAtFixedRate 方法重複記錄您收到的事件。發生了些什麼？也嘗試使用一些 Thread.sleep 語句，來看看函式的變化。

4. 從 Linear10PercentEvery10Minutes 部署優先選項開始，更新第 93 頁的「範例：建立無伺服器 API」以使用流量轉移。

5. 額外練習：如果您想用另外一種 JVM 語言（例如 Clojure、Kotlin 或 Scala）實作 Lambda 應用程式，請嘗試以其中一種語言建構 Lambda 函式。

第九章

無伺服器架構進階

在第八章中，我們研究了 Lambda 的一些更進階的要點，這些要點在您開始思考正式環境應用程式架構時很重要。在本章中，我們將繼續討論該主題，從更廣泛的角度看待 Lambda 對架構的影響。

易掉入的無伺服器架構陷阱

首先，我們著眼於無伺服器架構的領域，如果您不考慮它們，可能會導致您遇到問題。接著，根據您遇到的問題，提供不同的解決方案來解決這些問題。

至少一次投遞（At-Least-Once Delivery）

Lambda 平台確保當上游事件源觸發 Lambda 函式時，或者如果另一個應用程式叫用 Lambda *invoke* API（*https://oreil.ly/p1OWt*）時，一定會叫用到該 Lambda 函式，但是平台無法確保該函式將被叫用多少次。「有時，即使沒有錯誤發生，您的函式也可能多次收到相同的事件。」這被稱為「至少一次投遞」，而導致問題的原因是由於 Lambda 平台是分散式系統。

在大多數情況下，每個事件只會叫用一次 Lambda 函式。但是有時會（大約 1％ 的時間）發生重複叫用 Lambda 函式。為什麼這是個問題？您如何處理這種行為？讓我們來看看。

範例：Lambda「cron 排程工作」

如果您在行業中開發軟體的時間已經夠長，那麼您可能會遇到一台伺服器主機，該主機運行多個「cron 排程工作」，這些排程工作可能每小時或每天運行一次。由於這些工作通常不會一直運行，因此在每個主機上僅運行一個工作是十分沒效率的，所以在一個主機上運行多種類型的工作非常常見，這樣效率更高，但是會引起操作上的麻煩——相依性衝突、所有權不確定性、安全問題等。

您可以將 cron 排程工作透過 Lambda 函式實作，要模擬 cron 的調度行為，您可以將 CloudWatch Scheduled Event 當作觸發器。這裡，SAM 提供了簡潔的語法（*https://oreil.ly/vFPnk*）將其指定為函式的觸發器，甚至可以使用 cron 語法編寫排程規則表達式（*https://oreil.ly/488um*）。將 Lambda 當作 cron 平台有多種好處——包括改善上一段落中的所有操作難題。

使用 Lambda 來執行 cron 排程工作的主要缺點是，如果該函式的執行時間超過 15 分鐘（Lambda 的最大逾時時間），或者需要配置超過 3GB 記憶體，皆會違反 Lambda 的限制，而無法讓工作正常地執行。在這兩種情況下，如果您無法將任務分解成較小的小任務以符合限制，則可能需要查看 Step Functions（*https://oreil.ly/YDDyY*）和／或 Fargate（*https://oreil.ly/NP0Sq*）。

但是使用 Lambda 的另一個缺點是：**非常，非常**，偶爾您的 cron 排程作業可能會在其預定時間或接近預定時間運行多次。通常，這不會是一個值得顧慮的問題——也許您設定的任務是刪除資料夾下的檔案，若重複兩次執行相同的清理工作，雖然是無效且吃效能的，但起碼是我們想要的功能。不過，要是情況不同可能會是個大問題——如果您的任務是計算該月的抵押貸款利息，那麼您不會希望向客戶收取兩次費用。

Lambda 的這種**至少一次投遞**特性適用於所有事件來源和叫用，而不僅僅是排程計畫中的事件。幸運的是，有許多方法可以解決此問題。

解決方案：建立一個冪等系統

解決此問題的第一個（通常是最好的）解決方案是建構冪等（idempotent）（*https://oreil.ly/rmaFI*）系統。我們說這是「一般而言最好的」解決方案，因為它包含了當我們使用 Lambda 時正在建構分散式系統的想法。我們沒有解決或忽略分散式系統的特性，而是積極地設計以使用它們。

當一個特定的操作可以被執行一次或多次，並且無論執行了多少次都具有相同的效果，系統就是冪等的。當考慮任何分散式軟體架構時，冪等是一個非常一般的要求，更不用說無伺服器系統架構了。

冪等操作的一個範例是將檔案上傳到 S3（忽略任何可能的觸發器！），無論您將同一檔案上傳到同一位置一次還是十次，最終結果都是正確的位元組將存放在 S3 的預期的金鑰位置。

當函式的任何重大副作用都是冪等的時候，我們就可以使用 Lambda 建構冪等系統。例如，如果我們的 Lambda 函式將檔案上傳到 S3，則 Lambda + S3 的完整系統是冪等的。同樣地如果您要寫入資料庫，則可以使用 *upsert* 操作（更新或插入（update or insert））（例如 DynamoDB 的 `UpdateItem` 方法（*https://oreil.ly/OTfZP*））來創造冪等。最後，如果要叫用任何外部 API，則可能需要查看它們是否提供冪等運算。

解決方案：接受重複，並在出現問題時進行處理

有時，接受會有重複叫用的現況的可能性就是合理的解決方案，尤其是因為它很少發生。例如，假設您有一個排程任務，該任務會生成報告，然後透過電子郵件將其發送到公司內部的郵件列表。您是否該擔心電子郵件偶爾會發送兩次？也許不用。

同樣地，建構冪等系統的工作可能很重要，但是處理非常偶發的重複作業問題實際上既簡單又便宜。在這種情況下，與其建立冪等性，不如監視一個事件是否運行了多次作業，然後讓它執行手動或自動任務（如果有的話）進行清理，這可能更好。

解決方案：檢查前一次的處理情況

如果重複的副作用是無法接受的，但是您的 Lambda 函式還使用了不具有冪等運算的下游系統，那麼您就有另一種方法來解決此問題。這個想法是使 Lambda 函式本身成為冪等，而不是依靠下游組件來提供冪等。

但是，您知道 Lambda 可能為同一事件多次叫用一個函式，該怎麼做呢？關鍵是要知道即使 Lambda 針對同一事件多次叫用一個函式，Lambda 附加到事件的 *AWS 請求 ID* 對於每個叫用也將是相同的。我們可以透過在我們的處理常式方法中 `Context`（*https://oreil.ly/gh-Bw*）物件上叫用方法 `.getAwsRequestId()` 來讀取 AWS 請求 ID。

假設我們可以追蹤這些請求 ID，我們會知道之前是否見過這個請求 ID，如果知道，我們可以選擇捨棄第二次叫用，進而確保整體語義「恰好一次」。

現在，我們需要的是一種檢查函式的每次叫用的方法，以查看該函式之前是否已經接受過了此請求 ID。由於理論上事件的多個函式叫用可能會重疊，因此我們需要一個具有原子性（atomicity）的來源，而這表示使用資料庫會有所幫助。

DynamoDB 可以提供符合這樣需求的服務，透過條件式寫入（conditional writes）的功能（*https://oreil.ly/DBne-*）。對於簡單的案例，我們可以設定一個具有稱為 request_id 的主鍵的資料表；我們可以在一開始就透過處理常式將請求 ID 寫入資料表；若 DynamoDB 的操作失敗了，就立即停止；否則，就照樣繼續執行我們的 Lambda 函式，並且我們會知道此事件是否第一次被執行（圖 9-1）。

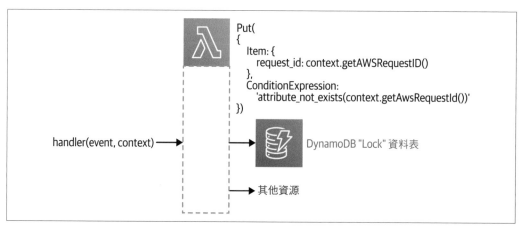

圖 9-1　透過 DynamoDB 檢查前次事件

如果您選擇這個方案，那麼您的實際解決辦法在實作上還是會有些微差異。例如，如果發生錯誤，您可以選擇刪除 DynamoDB 中的資料列（這樣才能使 Lambda 繼續處理請求，因為重試事件也將具有相同的 AWS 請求 ID！）。或者您可以選擇更複雜的「逾時鎖定」（lock with timeout）行為，以允許第一個可能失敗的重疊呼叫。

使用此解決方案還需要考慮一些 DynamoDB 問題。例如，您可能希望在資料表上設置存活時間（Time to Live、TTL）屬性（*https://oreil.ly/JFDQg*），以便在一定時間後自動刪除資料列以保持資料整潔，通常將其設置為一天或一個禮拜。另外，您可能要考量 Lambda 函式的預期吞吐量，並使用它來分析 DynamoDB 資料表的成本——如果成本太高，則可能希望選擇其他解決方案。這些替代方法包括使用 SQL 資料庫；建立自己的（非 Lambda）服務來管理重複性；或者在極端情況下，用更傳統的計算平台完全替代 Lambda 來實現此特定功能。

Lambda 擴展對於下游系統的影響

在第八章，我們看過了 Lambda「神奇的」自動擴展（第 197 頁「擴展」）。做個快速總結，Lambda 會自動創立足夠的函式實體和其環境，以處理需要被處理的事件。每個帳戶預設最高可以有一千個 Lambda 實體，但您也可以要求 AWS 提高此上限。

一般而言，這是一個很好用的功能。這也是人們認為 Lambda 有價值的關鍵原因之一。但是，如果您的 Lambda 函式和下游系統有互動整合（並且大多數情況下都有！），那麼您需要考慮這種擴展如何影響這些系統。讓我們回想一下第五章中的範例來當作練習。

在第 93 頁的「範例：建立無伺服器 API」，我們有兩個函式 ──WeatherEventLambda 和 WeatherQueryLambda，這兩個函式都會呼叫 DynamoDB，因此我們會需要知道 DynamoDB 在不管上游有多少 Lambda 實體存在的情況下，都能處理上游給予的負載。但由於我們的 DynamoDB 的容量模式是「視需求」的（*https://oreil.ly/SHRmW*），所以我們知道它可以處理。

在第 114 頁的「範例：建立無伺服器資料管線」，我們也有兩個函式 ──BulkEventsLambda 和 SingleEventLambda，BulkEventsLambda 會呼叫 SNS，特別用於發佈訊息，看一下 AWS 服務限制的文件（*https://oreil.ly/rv4GW*），看看我們可以呼叫 SNS API 來發佈訊息多少次。頁面上顯示限制是 300 到 30,000「交易（Transaction）每秒」，這個數量會根據我們所在的區域而不同。

我們可以使用這些資料來判斷 SNS 是否可以處理從 Lambda 函式釋放的負載。此外，文件還說這是一個軟性限制（soft limit）──換句話說，我們可以要求 AWS 為我們增加上限。值得一提的是，如果我們超出限制，那麼我們對 SNS 的使用將受到限制，因此我們可以將此錯誤作為未處理的錯誤（unhandled error）透過 Lambda 函式傳遞回去，接著可以使用 Lambda 的重試機制。另外，由於這是一個帳戶範圍的限制，如果我們的 Lambda 函式導致我們達到 SNS API 上限，那麼在同一帳戶中使用 SNS 的任何其他組件也會受到限制。

SingleEventLambda 只會透過 Lambda 執行時間直接呼叫 CloudWatch Logs。CloudWatch Logs 有其上限，但是非常的高，因此我們可以假設容量是足夠的。

總而言之，我們在這些範例中使用的服務可擴展到高吞吐量。這不足為奇──因為這些範例旨在成為無伺服器架構的良好範例。

但是，如果您使用的下游系統要是（a）擴展不到 Lambda 函式可擴展的**大**，要是（b）擴展不如 Lambda 函式擴展的那麼**快**的話，該怎麼辦？（a）的範例可能是下游關聯式資料庫——它可能僅設計用於一百個並行連接，而五百個連接可能導致嚴重的問題。（b）的範例可能是使用基於 EC2 的自動擴展的下游微服務——在這裡，該服務最終可以擴展到足以處理意外負載的大小，然而 Lambda 可以在幾**秒鐘**內擴展，而 EC2 則只能在幾**分鐘**內擴展。

在這兩種情況下，Lambda 函式的非預期擴展都可能對下游系統造成性能影響。通常，如果發生此類問題，那麼那些系統的其他客戶端也會感受到這種影響，而不僅僅是 Lambda 函式會被負載影響。由於擴展會造成帳戶或系統上的問題，因此，您應該考量如何減少 Lambda 的擴展對下游系統的影響，以下有多種可能的解決方案。

解決方案：使用類擴展基礎設施

我們可以使用與 Lambda 本身具有類似的擴展行為和容量的下游系統，來作為我們的解決方案。在第五章的範例中我們選擇了 DynamoDB 和 SNS，部分原因是出於這種設計動機。同樣地，有時出於擴展方面的考量，我們可能也會主動選擇另外的解決方案。例如，如果可以輕鬆地從 RDS 資料庫轉為使用 DynamoDB，這會是有意義的。

解決方案：管理上游擴展

解決 Lambda 擴展過寬對於下游系統造成影響的另一種解決方法是，確保它永遠不需要擴展，換句話說，就是限制觸發執行的事件數量。如果您要實現公司內部的無伺服器 API，則表示該確保 API 的客戶端不會發出太多請求。

一些 Lambda 事件來源還提供管理擴展的功能。API Gateway 具有速率限制（rate limit）（還有用量計畫（usage plans）（*https://oreil.ly/FR4eX*）和調節限制（throttling limits）），而且 Lambda 和 SQS 整合還允許您配置批次處理大小（*https://oreil.ly/LxNTp*）。

解決方案：透過預留並行管理擴展

如果您無法管理上游的擴展，但仍想限制函式擴展的範圍，則可以使用 Lambda 的預留並行功能，該功能在第 200 頁的「預留並行」中已介紹過。

當使用預留並行時，Lambda 平台最多只會擴展到您設置的上限。舉例來說，如果您將預留並行設置為 10，那在任何時間您至多只會擁有 10 個 Lambda 實體同時在運行。這樣的情況下，如果您的 10 個 Lambda 實體已經在處理事件了，卻還有事件進來，那就會有調節的情況發生，如同我們第八章看到的。

這樣的擴展限制是好的，當您擁有像是 SNS 或 S3，這些容易「爆量的」事件來源——使用預留並行表示這些事件會在一段時間內被處理，而不是立即處理。而且由於 Lambda 具有重新處理錯誤和非同步來源的功能，因此您可以確保所有事件最終都將被處理，只要可以在六個小時內處理完即可。

關於預留並行，您該知道的一點是，它不僅限制並行，而且還透過從帳戶全域 Lambda 並行池中刪除已配置的數量來確保並行。如果您擁有 20 個函式，所有函式的預留並行值為 50，那麼假設整個帳戶的並行限制為 1,000，那麼您將沒有其他 Lambda 函式的容量。這個帳戶中的上限是可以增加的，但這是您必須記住要執行的一項手動任務。

解決方案：刻意混合架構解決方案

最後一個想法是，建立一個刻意「混合」解決方案（並非意外的，而是有意為之的解決方案），此方案由無伺服器和傳統組件組成。

例如，如果您使用 Lambda 和 Amazon 的（非無伺服器）RDS SQL 資料庫服務，而沒有考慮擴展性問題，我們將其稱為「意外」混合解決方案。但是，如果您考慮過如何在 Lambda 中更有效地使用 RDS 資料庫，那麼我們將其稱為「刻意」混合。需要表明的是，由於 DynamoDB 和 Lambda 這樣的服務的性質，我們認為一些架構解決方案將無伺服器組件和非無伺服器組件混合在一起會更好。

讓我們看一下以下範例，我們在 API Gateway 之後串接函式，使用 Lambda 函式處理資料，並就處裡過後的資料放進關聯式資料庫（圖 9-2）。

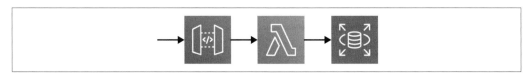

圖 9-2　從 Lambda 函式直接寫入關聯式資料庫

此設計的一個問題是，如果請求太多，那麼最終可能會使下游資料庫超載。

您可能考慮的第一個解決方案是在 Lambda 函式加入預留並行，以支援 API，但是現在的問題是，您的上游客戶端將不得不處理由於並行限制而造成的調節。

因此一個更好的解決方案可能是，引入一個新的 SNS 訊息主題和一個新的 Lambda 函式，然後套用預留並行在第二個 Lambda 函式上（圖 9-3）。

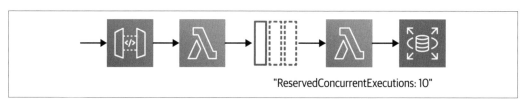

"ReservedConcurrentExecutions: 10"

圖 9-3　透過主題從 Lambda 函式間接寫入關聯式資料庫

透過這種設計，您的 API Lambda 函式仍然可以執行輸入驗證之類的操作，並在必要時將錯誤訊息返回給客戶端。但是，因為訊息傳遞系統可以比資料庫更有效地處理突發負載，這裡不直接將資料寫入資料庫，而是使用 SNS 將資料透過訊息發佈到主題，然後，該訊息的傾聽器將是另一個 Lambda 函式，其功能純粹是執行資料庫寫入的操作（或「upsert」來處理重複的叫用！）。但是這一次 Lambda 函式可以用預留並行保護資料庫，同時使用 AWS 自身內部的重試語義，而不是要求原始外部客戶端重試。

儘管這種最終的設計具有更多的部件，但它成功解決了擴展上的問題，同時仍然混合了無伺服器和非無伺服器組件。

> 在 2019 年末，Amazon 宣布了 RDS Proxy（*https://oreil.ly/alAqq*）服務。在撰寫本書時，它仍處於「預覽」（Preview）狀態，因此尚不知道將其發佈為全面可用（Generally available，GA）時將具有的細節和功能。但是，在將 Lambda 連接到 RDS 時，它應該有助於解決本章中討論的一些問題。

Lambda 執行時間模型和費用對下游系統的影響

本部分介紹了 Lambda 擴展的功能影響。另外，擴展、外部系統和 Lambda 的執行時間模型也會影響整體系統的財務成本，相關討論如下。

舉例來說，您具有以下 Lambda 部分程式碼。該特定處理常式使用 AWS 服務 KMS（*https://aws.amazon.com/kms*）來解密加密的環境變數：

```
public class LambdaWithApiKey {
  public void handler(Object event) {
    final String encryptedAPIKey = System.getenv("ENCRYPTED_API_KEY");
    final String apiKey = decryptWithKms(encryptedAPIKey);
    // ... 使用 apiKey 來處理事件
  }

  private String decryptWithKms(String encryptedCypherText) {
    // 使用 AWS 解密 encryptedCypherText，然後回傳其值
  }
}
```

這邊對於 KMS 服務的實作細節不詳加敘述。

這個 Lambda 函式會正確地運作。但要是我們將程式碼換成：

```
public class LambdaWithApiKey {
  private final String apiKey;

  public LambdaWithApiKey() {
    final String encryptedAPIKey = System.getenv("ENCRYPTED_API_KEY");
    apiKey = decryptWithKms(encryptedAPIKey);
  }

  public void handler(Object event) {
    // ... 使用 apiKey 來處理事件
  }

  private String decryptWithKms(String encryptedCypherText) {
    // 使用 AWS KMS 解密，然後回傳其值
  }
}
```

從功能上來看，此程式碼確實地執行了第一個版本的工作，而我們只是將一些程式碼移到了建構子中。那麼差別是什麼呢？差別是，與第二個版本相比，第一個版本平均每秒以 200 個事件的速度增加 AWS 成本，每年將近 20,000 美元！這是因為第一個版本每個事件都會叫用 KMS 解密 API 密鑰一次，而第二個版本每個函式實體僅叫用 KMS 一次。AWS 會根據叫用 KMS API 的次數向我們收費，因此 KMS 成本會隨 Lambda 函式叫用它的次數線性增加。

> 這不是假設的情況！我們曾經看過客戶使用類似第一個版本的程式碼，因此我們建議切換到第二個版本，為我們的一位客戶節省大約每年 20,000 美元。
>
> 儘管 Lambda 具有簡單的執行時間模型，但是您如何使用它仍然會對其他組件和服務以及 AWS 帳單產生實質性影響。

Lambda 事件來源的細則

本章的前兩節是關於自 Lambda 本身的細微差別而引起的架構問題。還有其他一些面向可能會影響無伺服器設計，像是 Lambda 的上游服務（事件來源）對其的影響。如同您閱讀的有關 Lambda 的第一個文件一樣，「至少一次」投遞並不是重要的（相較於其他概念），但透過深入研究文件和實作上的經驗，您會對上游服務的理解更加深刻，為未來設計架構帶來幫助。

當您開始不需要「修補」Lambda 事件來源帶來的問題時，請盡量多閱讀相關使用服務的文件。也請查詢非 AWS 的官方文章，儘管它們並不是權威，有時甚至是錯誤的，但有時它們可以在架構上引導您，讓您多加考量。

無伺服器運算帶來的新模式和架構

宏觀來看，當我們建構無伺服器系統時，我們的系統結構看起來可能和我們使用容器或虛擬機（virtual machines，VMs）設計的系統結構沒什麼不同。「雲端原生（Cloud-native）」架構並不是 Kubernetes 的唯一領域，無論您以前聽說過什麼！

例如，我們從第 93 頁的「範例：建立無伺服器 API」中重新建構的無伺服器 API，從「黑盒子」的角度來看，就像其他微服務風格的 API 一樣。實際上，我們可以用在容器中運行的應用程式替換 Lambda 函式，從系統結構上來說，系統將非常相似。

但是隨著無伺服器開始成熟，我們看到了新的架構模式，這些模式不是對傳統服務不起作用，就是甚至不可行。我們在第五章中提到過其中一種模式，就是在第 103 頁上討論過的「不用 Lambda 來打造無伺服器架構」。在本章結束之前，我們要使用 Lambda 實作另外兩種進入新領域的模式。

無伺服器應用程式的代管儲存庫

我們在本書中多次討論了「無伺服器應用程式」——即我們作為一個共同部署的組件組。像是我們擁有使用 API Gateway、兩個 Lambda 函式和一個 DynamoDB 資料表所組成的無伺服器 API，這是透過無伺服器應用程式模型（SAM）範本所定義的資源集合，並組成一個部署單位。

AWS 提供了一個重複使用和分享這些 SAM 應用程式範本的方法，也就是使用無伺服器應用程式儲存庫（Serverless Application Repository，SAR）（*https://oreil.ly/Oa8HO*）。透過 SAR，您可以發佈您的應用程式，接著您可以稍後再部署它，甚至可以重複部署。如果您將 SAR 變成公開可用，還可以部署於不同的區域、帳戶或甚至是不同的組織。

一般來說，您可能會具有分散式程式碼或與環境無關的部署配置。使用 SAR 程式碼（透過打包的 Lambda 函式）、基礎設施定義和（可參數化的）部署配置都包裝在一個可共享、具有版本控制功能的組件中。

現在我們要推薦兩種不同的、好用的部署方式，讓您來部署 SAR 應用程式。

首先，可以將它們作為**獨立應用程式**（standalone applications）進行部署，就像您用 `sam deploy` 直接部署一樣。或者，當您要在多個區域或跨多個帳戶或組織部署同一應用程式時，這也很有用，在這種情況下，SAR 的作用有點像應用程式部署範本的儲存庫，但是透過捆綁程式碼，它也包含實際應用程式的程式碼。

公開 SAR 儲存庫（*https://oreil.ly/QyOkD*）中有大量適合此類使用方式的 SAR 應用範例——對於希望讓客戶更輕鬆地將整合組件部署到 AWS 上的第三方軟體提供商而言，它特別有用。一個很好的例子是 DataDog（*https://oreil.ly/z-s8e*）的日誌轉發器。

SAR 應用程式還可以透過 CloudFormation 巢狀堆疊（*https://oreil.ly/1sJjI*）用作其他父級無伺服器應用程式中的**嵌入式組件**，SAM 透過 `AWS::Serverless::Application` 資源類型（*https://oreil.ly/aY0-G*）啟用巢狀 SAR 組件。當以這種方式使用 SAR 時，您會抽象化更高層級的組件為 SAR 應用程式，並在多個應用程式中實體化這些組件。以這種方式使用 SAR 有點像在容器導向的應用程式中使用「邊車」（sidecar）（*https://oreil.ly/9k3Xl*），但沒有邊車模式所需的面向底層網絡的通訊模式。

透過父級應用程式，這些巢狀組件會包含被直接或間接叫用的 Lambda 函式（例如，即使間接透過 SNS 主題叫用的函式，也可能包含在 SAR 內）。或者，這些巢狀組件可能也不包含任何函式，而是只有定義基礎設施資源，像是使用 SAR 應用程式來標準化監控資源。

一般來說，即使父類應用程式中沒有其他組件，我們通常還是會將嵌入式部署方案作為首選。這是因為部署 SAR 應用程式及其參數值（可以在範本檔案中定義為 AWS::Serverless::Application 資源的一部分）和部署任何其他 SAM 定義的無伺服器應用程式沒有什麼不同。此外，如果您更新已部署的 SAR 應用程式的版本，也能在版本控制中對其進行追蹤。

SAR 應用程式可以被保護，它們只能透過特定 AWS 組織中的帳戶來存取，因此也可以先定義公司內部通用的標準組件的格式和方式。關於使用嵌入式組件部署方案的範例，像是 API Gateway 的自訂授權者，還有警示、日誌過濾器和儀表板等通用組件，以及基於訊息的服務間通訊的共通模式。

SAR 有一些限制。舉例來說，您不可以使用所有的 CloudFormation 資源類型（像是 EC2 實體）。然而，這是一個建立、部署和組成基於 Lambda 的應用程式的有趣方式。

若想要了解更多關於將 SAM 應用程式發佈到 SAR 的細節，請見文件（*https://oreil.ly/nhOUb*）。若要了解更多部署 SAR 應用程式的細節，請見前面的連結以了解更多 AWS::Serverless::Application 資源類型。

全球分散式系統

以前（是 15 年以前）我們大多數建立基於伺服器的應用程式的人通常都有一個想法，即軟體通常運行在至少距離我們一百米左右以內的伺服器上（通常比這更近）。我們可以親自檢查資料中心、伺服器機房，甚至可能是多台或單台機器的運作狀況。

隨之而來的是「雲」，而部署應用程式上雲端時，我們不了解其實際地理位置。例如，使用 EC2，我們大致知道我們的程式碼在「Northern Virginia」或「Ireland」區域中運行，並且我們還可透過其可用區域（AZ）知道何時兩個伺服器在同一資料中心中運行。但是我們極不可能在地圖上指出運行我們軟體所在的建築物，更別說是機器了。

無伺服器計算立即擴大了我們的考量範圍。現在我們只考慮區域，暫時將可用區域的概念抽象、隱藏起來。

需要知道應用程式在哪裡運行的原因之一，是當可用性成為您需要考量的重點時。當我們在資料中心中運行應用程式時，如果資料中心失去網路連接，那麼我們的應用程式將不可用。

對於許多公司而言，當然是那些習慣於部署應用程式到一個資料中心的公司而言，只要透過雲獲得的特定區域可用性就足夠了，尤其是因為無伺服器服務可確保整個區域的高可用性。

但是，如果您想得更多呢？例如，如果即使整個 AWS 區域變得不穩定，也要確保應用程式的彈性，該怎麼辦？和任何一位在區域 us-east-1 運行服務多年的人聊聊，就可以知道這種情況曾經發生過。好消息是，AWS 發生任何類型的**跨區域**中斷的情況很少見，AWS 的絕大部分停機時間僅限於一個區域。

另外，除了可用性之外，如果您的用戶遍布聖保羅和首爾，並且希望他們所有人在使用您的應用程式時具有低延遲，該怎麼辦？

自從有多個區域上線之後，在雲端上解決這些問題便成為**可能**。但是，在多個區域中運行應用程式很複雜，並且可能也會變得昂貴，尤其是當您添加更多區域時。

現在有了無伺服器當作解決方案，您可以將應用程式部署到世界各地的多個區域，而不會增加太多複雜性，也不會超過預算。

全球部署

在 SAM 範本中定義應用程式時，通常不會寫死任何特定於區域的資源。如果您需要在 CloudFormation 字串中引用在其中部署堆疊的區域（就像我們在第五章中的資料管線範例中所做的那樣），我們建議使用 `AWS::Region` 虛擬參數（pseudo parameter）（*https://oreil.ly/7Xe9-*）。對於您需要存取的任何特定區域的資源，我們建議將其作為 CloudFormation 參數引用。

借助這些技術，您可以用和區域無關的方式定義應用程式範本，並可以將其部署到任意多個 AWS 區域中。

實際上，將應用程式部署到多個區域並不像我們想像的那樣容易。例如，當您使用 CloudFormation 部署應用程式時（例如，使用 `sam deploy`），您在範本檔案的 `CodeUri` 屬性中引用的所有套件，皆必須要先放在欲部署的區域的 S3 儲存貯體內。因此，如果要將應用程式部署到多個區域，則它的打包 artifact 需要在多個 S3 儲存貯體中，每個區域各一個。這是一點點腳本無法解決的，也是您必須面對的問題。

我們可以透過在 CodePipeline（*https://oreil.ly/E_DJr*）中啟用「跨區域動作」（cross-region actions）來改善多區域部署的體驗。CodePipeline 是 Amazon 的「持續交付（continuous delivery）」編排工具，它使我們能夠定義專案的原始程式碼控制儲存庫；透過叫用 CodeBuild（*https://oreil.ly/fSD1_*）建構和打包應用程式；最後使用 SAM / CloudFormation 進行部署。CodePipeline 實際上是自動化系統，它可以自動執行那些我們書中手動執行的命令。當然，它能做的還遠遠不只這些，這裡的流程只是一個例子。

CodePipeline 中的「跨區域動作」（*https://oreil.ly/6X5vB*）允許您同時並行部署到多個當前支援 CodePipeline 的區域。這表示一個 CD 管道可以將應用程式部署到美國、歐洲、日本和南美。

設置這些選項其實相當棘手，有關更多訊息，請見我們在 Github 上的範例專案（*https://oreil.ly/xzWiI*）。

有助於多區域部署的另一個工具是無伺服器應用程式儲存庫，我們在上一節中有描述過了。當您透過一個地區將應用程式發佈到 SAR 時，該應用程式將在所有地區皆可用。筆者在撰寫本書時，只有公開共享的應用程式才能使用這種功能，但是我們希望不久後可以為私有應用程式啟用此功能。

本地化連接，具有故障轉移（failover）

在全球各地部署了應用程式之後，您的客戶如何連接到靠近他們的應用程式版本？畢竟，全球部署的要點之一是服務越快越好，因此將客戶請求路由到與您的客戶端最接近的應用程式地理版本，進而為客戶提供盡可能低的延遲體驗。

一種方法是在客戶端寫死特定區域的位置（通常是 DNS 主機名）。它雖然很粗糙，但有時還是有效的，特別是對於組織內部應用程式而言。

另外還有個更好的方法是，使用 Amazon 的 Route53 DNS 服務的地理位置路由（Geolocation）（*https://oreil.ly/4RCb2*）功能，因為它可以**動態適應客戶的位置**。例如，如果客戶想要連接到您的應用程式，並且擁有最佳的延遲體驗，則可以設置您的 DNS 在 Route53 中，啟用地理位置路由功能。這樣一來，即使您並行部署 API Gateway 到三個不同區域，客戶還是可以連接到離他們最近的區域中的 API Gateway。

由於此時您已經在使用 Route53 的某些進階功能，因此不妨再更進一步，使用**運作狀態檢查和** *DNS* **備援**（Health Checks and DNS Failover）（*https://oreil.ly/XlUX9*）。若您啟用了 Route53 的這項功能，如果最接近客戶的應用程式版本不可用，那麼 Route53 會將該客戶重新路由到應用程式的下一個最近、可用的版本。

現在，我們有了應用程式和本地化路由的雙主動（active-active）版本，建立了一個具有彈性、並具有更好性能的應用程式。到目前為止，我們的應用程式系統結構還沒有更新，只有操作更新。但是，我們應該真正指出問題的核心在哪裡。

全域狀態（Global state）

我們之前說過，無伺服器使您可以將應用程式部署到世界各地的多個區域，而不會增加太多複雜性。我們只是描述了部署過程，還討論了客戶如何透過網路存取您的應用程式。

但是，對於全球應用程式，最大的擔憂是如何處理狀態。最簡單的解決方案是將您的狀態僅放在一個區域中，並將使用該狀態的服務部署到多個區域中（圖 9-4）。

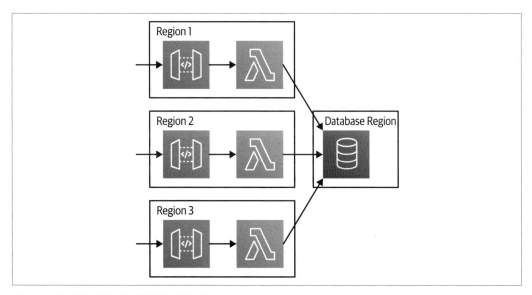

圖 9-4　多個計算區域和單個資料庫區域

這和內容傳遞網路（Content delivery networks，CDNs）使用的模型相同──世界上某一個地方有個「起源」點，之後 CDN 快取了狀態，因此世界上可能有 10 個、100 個這樣的存取點。

這對於可快取的狀態很好，但是對於不可快取的情況呢？

在這種情況下，單一狀態區域模型會崩潰，因為您的所有區域都將針對每個請求叫用集中式資料庫區域，如此一來，您會失去本地化延遲的好處，並且需要承擔某區域服務中斷的風險。

幸運的是，現在 AWS 和其他主要的雲端服務提供商提供了全球性的備用資料庫。以 AWS 來說，有一個很好的例子是 DynamoDB 全域表（*https://oreil.ly/fEZAG*）。假設您使用的是第五章中的無伺服器 API 模式，則可以將該範例中的 DynamoDB 資料表替換為全域表。然後，您可以輕鬆地將您的 API 部署到全球多個區域，AWS 會負責安全地將資料轉移到世界各地。由於資料表的複製是由 DynamoDB 非同步執行的（圖 9-5），因此可以為您提供彈性，並改善了用戶延遲。

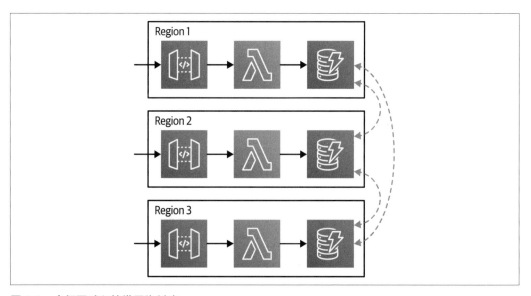

圖 9-5　多個區域和其備用資料庫

AWS 的確會收取全域表的使用費用，但是比起各個區域中各自擁有其資料表還來得便宜，更別說要自己建立狀態複製系統。

按次計費

在成本方面，這是無伺服器計算真正解決多區域部署問題的地方。在第一章中，我們曾說過，相較於伺服器服務，無伺服器服務的一個特殊差別是「根據精確的使用量來計費，甚至是零使用量」，這不僅適用於一個地區，而且還橫跨所有地區。

舉例來說，您已經將 Lambda 應用程式部署到了三個區域，因為您要有兩個用於災難恢復的備份區域。如果僅使用其中一個區域的服務，則只需為該區域中的 Lambda 使用情況付費。換句話說，在其他兩個區域中擁有的備份版本是完全免費的！這和任何其他服務的計算方式有很大的不同。

另一方面,假設您首先將應用程式部署到一個區域,然後使用前面討論的地理位置路由將 API Gateway + Lambda 應用程式部署到十個區域。如果這樣做,無論您是在一個地區還是在十個地區運行,只要您的總使用量沒有增加,您的 Lambda 帳單上的數字就不會有所改變,因為 Lambda 仍然只會按照函式被呼叫的次數來向您收費。

我們認為,與傳統平台相比,這種完全不同的成本模型將使全球分佈的應用程式比過去更加普遍。

 對於 Lambda 的「成本不變」這一點,這裡有一點警告。對於不同地區,AWS 對 Lambda 的收費可能略有不同。但是,這是特定地區定價不同所造成的,並不是因為您在多個地區運行應用程式。

邊緣計算(Edge computing)/「無區域」

到目前為止,我們在本節中討論的範例都是關於將應用程式部署到全球多個區域的,儘管如此,我們仍然需要了解 Amazon 雲端服務目前有哪些不同的區域。

如果您根本不需要考慮區域呢?如果您能夠將程式碼部署到全域服務,然後 AWS 做了運行程式碼所需的一切,為客戶提供了最佳的延遲,並且即使一個位置故障也能確保可用性,豈不是更好?

事實證明,這種對未來的瘋狂想法已經存在。首先,AWS 已經有一些服務是「全域服務」,IAM 和 Route53 是其中的兩個,還有 CloudFront 也是如此(CloudFront 是 AWS 的 CDN 服務(*https://oreil.ly/_0EUS*))。CloudFront 可以完成 CDN 所需的功能,像是快取 HTTP 流量好讓網站更快等。另外,它還具有名為 Lambda@Edge 的服務(*https://oreil.ly/6D4yw*),我們可以透過這個服務叫用特殊類別的 Lambda 函式。

Lambda@Edge 函式和 Lambda 函式很類似,因為它們具有相同的執行時間模型和相同的部署工具,當您部署一個 Lambda@Edge 函式,AWS 會自動複製您的程式碼到世界各地,因此您的應用程式將真正地變成「無區域」。

然而,Lambda@Edge 還是有些重要的限制:

- 只有 CloudFront 的事件來源可以觸發 Lambda@Edge,因此,您只能在 CloudFront 的部署中運行 Lambda@Edge。
- Lambda@Edge 函式只能用 Node 或 Python 編寫。

- 與一般 Lambda 函式相比，Lambda@Edge 環境在記憶體、CPU 和逾時方面的限制更多。

Lambda@Edge 函式引人入勝，甚至在我們撰寫本書的當下，它們用來解決全球化問題就已經非常有用了。不僅如此，他們還指引了真正的全球雲端運算的未來，在這裡區域性完全被隱藏、抽象化了。如果 AWS 可以使 Lambda@Edge 函式的特性和一般 Lambda 函式更加相近，那麼身為架構師和開發者的我們，未來就不必使用區域思考的邏輯了。但或許有一天，人們會開始在火星上運行應用程式，到時我們還是需要考慮區域性，因為 Lambda 的承諾是全球化的，不是行星化的！

總結

當我們建立無伺服器系統時，我們花費在程式碼和作業操作上的時間就會減少了，但是做為交換，會做比過去更多的系統架構思考，尤其是為了了解和搭配這些使用中的託管服務的功能和限制。在本章中，您了解了許多問題的詳細細節，並研究了許多緩解方法。

無伺服器運算還提出了全新的軟體架構方法。您了解了兩個這樣的想法——無伺服器應用程式儲存庫和全域分散的應用程式。隨著 Lambda 以及更廣泛的無伺服器在未來幾年內的發展，我們希望看到更多新的架構應用程式的模型。

練習題

1. 以第 114 頁上的「範例：建立無伺服器資料管線」為基礎，將 SingleEventLambda 的預留並行數量設置為 1。現在上傳範例資料，您應該會看到調節現象（如有必要，請在 *sampledata.json* 檔案中添加更多天氣資料）。再來使用 Lambda 管理控制台中的「調節」行為將預留並行設置為零，看看會發生什麼事情。

2. 更新第 93 頁的「範例：建立無伺服器 API」，使用 DynamoDB 全域表——確保各個資料表本身，分成各自屬於自己的 CloudFormation 堆疊！然後僅將 API 組件（及其 Lambda 函式）部署到多個區域。試看看您是否可以將資料寫入一個區域，然後從另一個區域讀取資料？

第十章

結語

本書的目的是讓您了解使用 AWS Lambda 作為這些系統的核心，在 AWS 上透過無伺服器技術使用和建構應用程式的含義。我們希望您能夠做到這一點，因為 Java 是無伺服器世界中最佳的選擇。

書中有些試圖要強調的要點，提供您做反思：

- 最重要的是，知道如何使用無伺服器系統進行應用程式設計上想法的嘗試，既快速又便宜。如遇到疑問，請繼續發揮實驗的精神！

- 請記住，Lambda 程式碼是「簡單的函式程式碼」。Lambda 不是傳統意義上的框架或「應用伺服器」，您用 Java 編寫的 Lambda 函式只是處理 JSON 事件的小部分，這使您可以快速、靈活地在 IDE 中進行單元測試和疊代式開發。同樣地，請不要使用替代執行時間模型設計的程式庫和框架，這會搞壞您的函式。

- 為了能夠在類似正式環境（處理正式環境的事件）的環境中快速迭代，需要透過自動化建構和部署函式到 AWS 雲端上的腳本，您可以使用我們在全書中展示的技術以及 Maven、SAM 和 CloudFormation 來實現。

- 正如我們在第六章中所說明的，將您的大部分測試時間花費在本地 JVM 的單元和功能測試以及被測函式上，同時也實作了您函式的自動化端到端測試於 Lambda 平台上。

- 嘗試讓您的每個 Lambda 函式都專注於解決一項任務，只需包括處理每個函式自己的事件所需的程式碼和程式庫即可。必要時，請依照第 124 頁「透過多個模組和獨立 artifact 建立和打包」中所述的方法操作，共享程式碼。

- 不要屈服於冷啟動的恐懼！通常，一旦您的應用程式放到正式環境上，它們就不會成為您的問題，或者您可以根據需求，使用一種或多種補救技術。

- 考慮使用最小權限原則，使用 AWS IAM 適當保護無伺服器應用程式。您的組織可能最終會部署數千個 Lambda 函式，因此您希望減少每個函式出錯時的爆炸半徑，減少錯誤或惡意意圖的影響。

- 請記住，在這個 Lambda 的新世界中，日誌紀錄和指標的運作方式略有不同。盡可能使用結構化日誌紀錄；還有，您希望能夠觀察到整個系統的行為，而不僅僅是單個函式。考慮一下就使用者而言，哪些指標最能表明系統的運行狀況。

- 在建構無伺服器應用程式時，請採用「事件驅動」的思維方式。即使對於同步叫用的函式，也要考慮每次叫用從一個組件到下一個組件所傳遞的獨立事件如何呈現。然後考慮如何使系統盡可能非同步。

- 不必丟棄您的非無伺服器服務。關聯式資料庫之類的服務仍然可能是解決某些問題的最佳方法，特別是如果它們已經存在於較大的生態系統中時。但是由於擴展上行為的差異性，請務必仔細考慮一下 Lambda 擴展時，非無伺服器服務要如何反應。

- 最後，無伺服器的範圍和包含的服務，不僅僅是只有 Lambda，還應考慮如何利用 AWS 和其他公司的 BaaS 產品來減少編寫和操作所需的程式碼量。即使您選擇了一項特定服務，也要研究其所有功能，因為它可能包含一些好用的功能，可以為您節省幾天甚至幾週的工作。

我們希望您喜歡這本書，發現它的價值，並希望它在未來數月和數年內還是能讓您覺得有用。我們將繼續撰寫和談論我們使用 Lambda 和其他 AWS 技術學習和建構的內容。

您可以在以下位置，找到我們的內容：

- 在 Twitter 上 的 *https://twitter.com/symphoniacloud*、*https://twitter.com/johnchapin* 和 *https://twitter.com/mikebroberts*

- 我們的部落格 *https://blog.symphonia.io/*

- 我們的網站 *https://www.symphonia.io*

- 我們的 GitHub *https://github.com/symphoniacloud*

最後，我們希望您跟我們說說您的想法，請隨時透過 *johnandmike@symphonia.io* 與我們聯繫。

感謝您的閱讀，請持續朝無伺服器的目標邁進！

索引

※ 提醒您：由於翻譯書排版的關係，部分索引名詞的對應頁碼會和實際頁碼有一頁之差。

V

W

X

Y

Z

關於作者

John Chapin 擁有超過 15 年的技術主管和資深工程師經驗。他之前曾是 Intent Media 的工程、核心服務和資料科學副總裁,在那裡他幫助團隊改變了他們如何透過無伺服器技術和敏捷實務交付業務價值的方式。在交響樂團之外,可以發現他沿著曼哈頓西側奔跑、在洛克威海灘(Rockaway Beach)衝浪,或者計劃下一次出國旅行。

Mike Roberts 是一位工程主管,自 2006 年以來他一直居住於紐約市。在他的職業生涯中,他擔任過工程師、CTO,期間還擔任過其他有趣的職務。Mike 是 Agile 和 DevOps 價值觀的長期擁護者,並對雲技術充滿熱情,幫助許多高功能軟體團隊實現這種價值觀。他認為無伺服器是雲端系統的下一個發展,因此他對於幫助團隊及其客戶發揮所長而感到興奮無比。

出版記事

本書的封面動物是被稱為紅腹濱鷸(Calidris canutus)的候鳥。出現的廣闊範圍包括夏季從加拿大到俄羅斯的北極山脈山脈,以及冬季在南美、非洲、歐洲、澳大利亞和紐西蘭的沿海地區。每年紅腹濱鷸飛的距離超過 9000 英里。

在冬天,紅腹濱鷸不是紅色而是灰色。春季繁殖時,牠們的羽毛會變色。這些鳥不是兩性異形的。雄性和雌性都具有這種灰色至紅色的顏色,以及圓形的身體、小的頭和短的深色喙。成鳥長 9-10 英寸,翼展 19-21 英寸。紅腹濱鷸平均重 4.8 盎司,在遷移前其重量會加倍。牠們在季節性的家如海岸和凍原上啄食昆蟲、貽貝和螃蟹。

雄性紅腹濱鷸會在地面上築巢,靠近其覓食的水域附近。這些鳥是一夫一妻制。雌性通常產下三到四顆卵,卵為淡橄欖綠色,並帶有深色斑點,並且兩個成鳥會輪流孵卵,直到都孵化。

紅腹濱鷸的保護狀態為近威脅(Near Threatened),並且在不同種地區之間變化(在美國,牠們被列為受威脅(Threatened)的保育類動物)。O'Reilly 書籍封面上的許多動物正面臨瀕臨絕種的危機;牠們都是這個世界重要的一份子。

封面插圖是 Karen Montgomery 的作品,來自於《*Wood's Illustrated Natural History*》中的黑白雕刻。

AWS Lambda 程式設計

作　　者：John Chapin, Mike Roberts
譯　　者：李逸祥
企劃編輯：蔡彤孟
文字編輯：江雅鈴
設計裝幀：陶相騰
發 行 人：廖文良

發 行 所：碁峰資訊股份有限公司
地　　址：台北市南港區三重路 66 號 7 樓之 6
電　　話：(02)2788-2408
傳　　真：(02)8192-4433
網　　站：www.gotop.com.tw
書　　號：A639
版　　次：2021 年 06 月初版
建議售價：NT$580

國家圖書館出版品預行編目資料

AWS Lambda 程式設計 / John Chapin, Mike Roberts 原著；李逸祥譯. -- 初版. -- 臺北市：碁峰資訊, 2021.06
　　面；　公分
　　譯自：Programming AWS Lambda
　　ISBN 978-986-502-781-0(平裝)
　　1.雲端運算
312.136　　　　　　　　　　　　　　　　　110004792

讀者服務

● 感謝您購買碁峰圖書，如果您對本書的內容或表達上有不清楚的地方或其他建議，請至碁峰網站：「聯絡我們」\「圖書問題」留下您所購買之書籍及問題。(請註明購買書籍之書號及書名，以及問題頁數，以便能儘快為您處理)

http://www.gotop.com.tw

● 售後服務僅限書籍本身內容，若是軟、硬體問題，請您直接與軟體廠商聯絡。

● 若於購買書籍後發現有破損、缺頁、裝訂錯誤之問題，請直接將書寄回更換，並註明您的姓名、連絡電話及地址，將有專人與您連絡補寄商品。